天基大气背景
红外测量数据处理与仿真技术

张 寅 著

哈尔滨工程大学出版社

Harbin Engineering University Press

内容简介

本书以我国首颗红外大气背景遥感卫星的业务需求为应用背景,立足于测量数据的定量化处理与后期应用,对红外大气背景图像数据的处理技术与仿真方法进行了详细阐述。

全书共分七章,包括数据处理与图像仿真总体技术研究、红外相机在轨辐射定标数据处理技术、红外相机测量图像观测几何信息解算技术、红外相机大气背景图像统计特性分析与仿真应用和基于场景建模与辐射传输的云层图像仿真等内容。

本书涉及的相关技术已在该卫星地面业务系统中得到了有效应用,可为我国天基红外成像探测系统的指标论证、性能评估及大气物性参数反演等工作提供理论方法与数据支撑。

本书可作为遥感信息处理、大气辐射传输等专业学生的拓展读物,也可作为相关从业人员和研究人员的参考用书。

图书在版编目(CIP)数据

天基大气背景红外测量数据处理与仿真技术/ 张寅著. —哈尔滨:
哈尔滨工程大学出版社,2020.10
ISBN 978 – 7 – 5661 – 2599 – 6

Ⅰ.①天… Ⅱ.①张… Ⅲ.①航空器 – 数据处理
Ⅳ.①V27

中国版本图书馆 CIP 数据核字(2020)第 206478 号

选题策划	石 岭
责任编辑	张 昕
封面设计	博鑫设计

出版发行	哈尔滨工程大学出版社
社 址	哈尔滨市南岗区南通大街 145 号
邮政编码	150001
发行电话	0451 – 82519328
传 真	0451 – 82519699
经 销	新华书店
印 刷	北京中石油彩色印刷有限责任公司
开 本	787 mm × 1 092 mm 1/16
印 张	10.25
字 数	243 千字
版 次	2020 年 10 月第 1 版
印 次	2020 年 10 月第 1 次印刷
定 价	49.80 元

http://www.hrbeupress.com
E-mail:heupress@ hrbeu.edu.cn

前　　言

大气是天基光学遥感链路上的重要环节,一方面,对大气辐射特性的认知程度直接影响到光电探测系统的设计与评估水平,进而影响到探测数据的信息质量与有效性,是遥感任务成功执行的前提;另一方面,由大气的光谱辐射特性可以反演出地球系统在广域时空范围内的物性状态变化信息,是研究地球科学的重要手段。目前,实测积累与数字仿真是提高对大气背景认识水平的两种最有效手段。

本书以我国首颗红外大气背景遥感卫星的业务需求为应用背景,立足于测量数据的定量化处理与后期应用,对红外大气背景图像数据的处理技术与仿真方法开展了深入系统的研究。在数据处理方面的研究成果已经应用于该卫星的地面数据处理系统;在云层图像仿真方面建立的模型与所形成的方法可以为我国天基红外成像探测系统的指标论证、性能评估以及大气的物性参数反演等工作提供理论与数据支持。书中的创新技术已发表在《光学学报》、*IEEE Transactions on Geoscience and Remote Sensing*、*Journal of Quantitative Spectroscopy and Radiative Transfer* 等国内外权威期刊中。相关内容包括以下五个方面:

在总体技术方面,阐述了我国大气背景遥感卫星红外相机的工作原理、测量模式与系统组成;在此基础上,根据相机的测量任务与实际工况,将辐射定标和几何信息解算作为测量数据处理中的核心内容,并设计了研究方案;结合实测图像数据与实际应用需求,分别提出了基于大气背景辐射亮度图像数据统计特性和基于场景建模与辐射传输的云层图像仿真方案。

在测量数据的辐射定标处理技术方面,从红外相机测量对象的辐射特性出发,给出了红外相机的辐射定标原理与黑体选择依据,并对地面定标试验方法与结果进行了描述;根据在轨定标试验制定了数据处理流程,结合实际下传数据,总结出三类无效数据的特征与相应剔除方法;分析了相机在轨响应衰减现象,建立了具有一定物理意义的相机响应衰减模型。在此基础上,提出了相机内部污染容限的判断准则与定标系数的估计方法。

在测量数据的几何信息处理技术方面,根据相机的实际观测模式与测量对象,将拍摄图像分类为地球背景、临边背景与空间背景;分析了不同类型背景所关注的几何信息差异,设计了不同的几何解算内容,并给出了相应的计算方法;利用卫星实际下传的姿轨等数据,将几何解算结果与卫星工具包(STK)进行了比对,验证了计算模型的正确性,同时给出了实测图像几何解算结果的应用举例。

在实测大气背景辐射亮度数据统计特性分析与仿真应用方面,分析了红外短波实测图像的辐射亮度分布与功率谱密度统计特性,在此基础上,论证了利用分形理论进行云层仿真的可行性与合理性;引入二维多尺度叠加分形算法构造云层图像的纹理结构;通过数值实验,研究了分形算法控制参数与生成图像统计特征之间的关系,对算法的参数估计问题进行了探讨;基于红外相机实测云层图像,验证了仿真方法的有效性和可用性。

在基于三维场景建模与辐射传输的云层图像仿真方面,使用三维多尺度叠加分形算法构造云层的空间含水量分布;给出了球形粒子与随机取向的非球形粒子的单次散射特性计算方法;重点对水平取向平板粒子的镜向散射相函数进行了建模研究,并利用 T 矩阵与蒙特卡洛法(MC)进行了模型验证;根据云层和大气的光学特性,建立了适用于吸收波段的三维辐射传输模型与相关 k 分布(CKD)参数优化方法,并使用球谐离散坐标法(SHDOM)对计算精度进行了验证;最后,利用上述仿真体系对不同结构、不同高度、不同散射特性的三维云层进行了仿真应用。

本书受国家自然科学基金项目(61705104)、江苏省自然科学基金项目(BK20170804)及多个工程应用项目资助,在此一并表示感谢。

由于作者水平有限,书中错误和疏漏在所难免,恳请各位同行、专家不吝赐教,也诚请广大读者提出宝贵意见。

著者于南京航空航天大学

2020 年 8 月

主 要 符 号

符号	物理含义
L	辐射亮度
G	相机灰度
T	温度
$B(T)$	普朗克函数
t	红外相机在轨相对工作时间
$\boldsymbol{R}$	旋转矩阵
$\boldsymbol{E}$	单位矩阵
$\boldsymbol{M}$	镜面反射矩阵
ψ_m	观测方向与太阳镜向反射方向角度差
θ_h	像面水平线与图像轴夹角
u、v	图像空间频率
β	对数坐标下的功率谱斜率
$\boldsymbol{X}$	位置矢量
$V(\boldsymbol{X})$	$\boldsymbol{X}$ 位置分形值
l	插值分辨率
m	空间频率累加项
H	Hurst 参数
r	空隙参数
D	粒子尺度
D_e	粒子群有效直径
Θ	散射角
P	散射相函数
k	消光系数
I	单色辐射亮度
F	辐射照度

τ	光学厚度
H	上行贡献函数
P	散射相函数
λ	波长
v	波数
Q	效率因子
ω_0	单散射反照率
τ	光学厚度
J	源函数
Ω	空间立体角
θ	天顶角
φ	方位角
μ	天顶角余弦

主要缩略语

英文缩写	全称	中文含义
ADF	amplitude distribution function	幅值分布函数
ALOS	advanced land observing satellite	先进对地观测卫星
ARPS	advanced regional prediction system	先进区域预报系统
AST	advanced surveillance testbed	先进监视系统测试平台
AVM	astronomy visualization metadata	天文可视化元数据
BIH	Bureau International de l'Heure	国际时间局
BMP	background measurements program	背景测量计划
CEPEX	central equatorial pacific experiment	赤道太平洋中心区试验
CKD	correlated k distribution	相关 k 分布
CRM	cloud-resolving model	云分辨模式
CSSM	cloud scene simulation model	云层场景仿真模型
CTP	Conventional Terrestrial Pole	协议地球极
DDA	discrete dipole approximation	离散偶极子近似法
DEM	Digital Elevation Model	数字高程模型
DN	digital number	灰度值
DSP	Defense Support Program	国防支援计划（美国）
EOS	Earth Observing System	地球观测系统
ERP	earth rotation parameter	地球转动参数
ESFT	exponential sum fitting of transmissions	透过率函数指数和拟合
EUMETSAT	European Organization for the Exploitation of Meteorological Satellites	欧洲气象卫星开发组织
FDTD	finite-difference time-domain	有限时域差分法
FY	Feng yun	风云卫星
GPS	Global Positioning System	全球定位系统
HIRS	high-resolution infrared radiation sounder	高分辨率红外辐射探测仪

I3RC	International Intercomparison of 3D Radiation Codes	国际三维大气传输代码比对计划
IAAFT	iterative amplitude adapted Fourier transform	自适应迭代幅值傅里叶变换
IAU	International Astronomical Union	国际天文学联合会
IBSS	infrared Background signature survey experiment	红外背景特性测量试验
IGOM	improved geometrical-optics method	几何光学法
IGS	International GNSS	国际全球卫星导航系统服务组织
IRAS	InfRared Atmospheric Sounder	红外分光计
IVOA	International Virtual Observatory Alliance	国际虚拟天文台联盟
IWC	ice water content	冰水含量
LBL	line-by-line	逐线
LES	large-eddy simulation	大涡流仿真
LWC	liquid water content	液态水含量
MC	Monte Carlo	蒙特卡洛
MERIS	medium resolution imaging spectro-meter	中分辨率光谱成像仪
MIDAS	missile defense alarm system	导弹防御报警系统
MODIS	moderate-resolution imaging spectrora-diometer	中分辨率成像光谱仪
MRE	mean relative error	平均相对误差
MSTI	miniature sensor technology integration	微型传感器技术集成
MSX	midcourse space experiment	中段空间试验
MWIR	mediumwave infrared	红外中波
NEDN	noise equivalent DN	噪声等效灰度
NLLSF	nonlinear least squares fitting	非线性最小二乘拟合
NOAA	National Oceanic and Atmospheric Administration	美国国家海洋和大气管理局
NWP	numerical weather prediction	数值天气预测
OLI	Operational land Imager	实用陆地成像仪
PICASSO	parameterized image chain analysis and simulation software	参数化图像链路分析与仿真软件
PSD	power spectral density	功率谱密度

RAMOS	Russian-American observation satellites	俄美观测卫星
RM	radiometer satellite	辐射计卫星
RRMSE	relative root mean square error	相对均方根误差
RSA	rescale-and-add	多尺度叠加
RTE	radiative transfer equation	辐射传输方程
SBIRS	space-based infrared system	天基红外系统
SHDOM	spherical harmonics discrete ordinate method	球谐离散坐标法
SNR	Signal-Noise Ratio	信噪比
SSGM	strategic scene generation model	战略场景生成模型
STK	Satellite Tool Kit	卫星工具包
STSS	space tracking and surveillance system	空间跟踪和监视系统
SUCCESS	subsonic aircraft: contrail and cloud effects special study	亚音速飞机:轨迹与云的特别研究
SWIR	short-wave infrared	红外短波
TIROS	television and infrared observation satellite	电视和红外辐射观测卫星
TIS	thermal infrared sensor	热红外传感器
UCF	upwelling contribution function	上行贡献函数
UCS	Union of Concerned Scientists	忧思科学家联盟
USGS	United States Geological Survey	美国地质勘探局
UTC	Coordinated Universal Time	世界协调时
VIRR	visible and infrared radiometer	可见光红外扫描辐射计
VISTAS	visible and infrared sensor trades, analyses and simulation	可见光/红外相机优化、分析与仿真
WGS-84	world geodetic system 1984	1984 年世界大地坐标系
WRF	weather research and forecasting	天气研究与预报
ASTER	advanced spaceborne thermal emission and reflection radiometer	先进的天基热辐射反射辐射计

目　　录

第1章 绪 论

1.1 背景及意义

    天基大气定量遥感是地球遥感科学的一个重要分支。其通过搭载在卫星平台上的遥感仪器测量大气顶端不同谱段的表观辐射，获取大气在空间与时间上的光谱辐射特性数据，进而为大气辐射的多维分布统计特征提取、大气与云层的物性参数反演，以及天基探测器的设计评估提供基础数据支撑。该技术广泛地应用于大气物理学、气象学、光学遥感图像仿真及空间态势感知等领域的研究。

    实际上，卫星载荷获取的原始遥感数据无法直接使用，需要经过附属信息关联、无效数据筛除、辐射定标、几何解算等一系列复杂手段的处理，发布成不同等级的遥感产品以面向不同需求的应用目标。随着对地球遥感领域认知的不断加深，遥感设备、载荷平台、数据通信等相关技术的飞跃式发展，遥感对象和测量仪器的选择及遥感数据的应用设计趋于精细化与具体化，与之相关的地面数据处理方法和处理结果则趋于靶向化与定制化。例如，以大气探测与云图构建为目的的气象卫星，通常搭载中低分辨率的多光谱成像设备，数据处理重心为大气水汽、温度、臭氧含量等信息的反演及全球云层图像的可视化拼接；而以摄影测量和绘制地理地形图为目的的测绘卫星，通常搭载高分辨率可见光相机，数据处理的重心为遥感影像的高精度地理信息解算与匹配融合。即使应用背景相近的遥感卫星，由于各自平台设计、星务管控系统、载荷配置、测量模式、数据传输协议等细节的不同，也会造成地面数据处理方法的巨大差异。合理、适用的数据处理技术不仅需要根据卫星下传的海量原始数据稳定、高效地自动生成有效数据产品，同时还必须保证数据产品在后续深层应用中的可用性和完备性。因此，开展面向具体载荷与应用任务的数据处理方法研究是实现遥感卫星信息价值最大化的前提条件与必经过程。

    我国于 2013 年发射了首颗红外大气背景定量遥感试验卫星。该卫星部署在 750 km 高度附近的近太阳同步轨道，关键载荷为星下点分辨率 225 m 的面阵红外凝视相机，旨在收集高分辨率的大气、云层，以及地球临边红外辐射图像数据。该卫星的成功发射填补了我国在该领域内基础数据的空白，并计划利用收集到的测量数据完成以下四个长远目标：

    ①建立一个精细化分类后的、面向应用的红外大气与云层辐射特性数据库，提供不同处理等级的信息产品；

    ②构建大气和云层上行辐射的时空统计特性与季节、地方时、纬度、切线高度、观测

角度等参数的关系模型,支撑天基观测条件下大气和云层背景的红外图像仿真;

③构建卷云的短波散射模型,特别是含有水平取向冰晶粒子卷云的镜面强反射现象;

④结合其他遥感卫星数据和合作测量试验,反演大气和云层的物性信息。例如,利用中波临边测量数据反演大气温度廓线。

本书以上述卫星特定的业务需求和研制目标为应用背景,重点对红外测量相机遥感数据的处理技术及大气和云层红外辐射图像的仿真建模方法进行了研究。本书在遥感数据处理技术方面的研究成果已直接应用于该卫星的自动化地面数据处理系统,其中的共性内容可为其他遥感卫星数据处理系统的设计与实现提供参考,相关的数据产品将提供给其他科研团队进行后续分析。本书在红外图像仿真方面的研究成果可以弥补实测图像在覆盖性和多样性上的不足,为我国天基红外成像探测系统的指标论证、性能评估等工作提供理论与数据支持,也可以应用于基于红外遥感图像的大气物性参数反演问题。同时,研究过程中暴露出的部分卫星自身存在的不足对后续系列卫星的设计与研制工作具有一定的指导意义。

1.2　国内外现状与分析

本书围绕我国首颗红外大气背景测量试验卫星的数据处理与应用工作,主要研究红外测量相机的地面数据处理技术与大气背景红外辐射图像仿真方法。下面就大气背景红外定量遥感卫星、遥感数据产品及基本处理方法、大气背景红外图像仿真技术和大气场景建模与辐射传输计算四个方面的国内外发展现状进行总结与分析。

1.2.1　大气背景红外定量遥感卫星

按测量方式的不同,大气相关物性参数的定量测量可以分为直接测量与间接测量。直接测量主要利用搭载在飞机、探空气球或火箭上的气压表、温湿度计、气体或粒子采样设备等仪器直接获取大气的物性参数;间接测量主要指遥感探测,以电磁波或声波在大气介质中的传输理论为基础,通过探测信号的变化反演大气要素,主要仪器包括雷达、光谱仪、相机等。按测量平台的位置分类,大气测量又可分为地基测量、空基测量和天基测量。地基测量以地面观测站的间接探测为主;空基测量主要依靠机载、箭载及球载探测设备,可以同时完成大气信息的直接测量和间接测量;天基测量的平台为轨道各异的卫星,探测设备以激光、微波和光学等载荷为主。近年来,随着航天科技与传感器技术的迅速发展,以及大气物理学、光谱学等基础理论的不断深入,天基大气遥感以其覆盖范围广,不受地域限制,时空观测连续性强等优势,成为各国发展的重点。20 世纪 60 年代,美国发射了世界上第一代气象试验卫星“泰罗斯”(TIROS) 系列,由此拉开了天基大气遥感的序幕。据地球观测门户的不完全统计[1],1959 年到 2025 年间以大气遥感为主要任务的卫星或卫星计划近400个。忧思科学家联盟(UCS)提供的卫星数据库表明[2],目前在轨的2 700余颗卫星中,有超过800颗涉及大气测量任务,其中比较著名的包括美国NASA的地球观测系统(EOS)系列卫星,美国国家海洋和大气管理局(NOAA)极轨系列卫星,欧洲气象卫星开发组织(EUMETSAT)下属的系列卫星及中国的"风云"(FY)气象卫星系列。

事实上,由于大气本身物质组成与物理机制的复杂性,其定量遥感测量是一个非常宽泛的概念,测量对象可以包括大气波动、成分含量、透过率、垂直温湿廓线、光谱辐射特性和云层特性等众多内容。每一类测量所采用的平台设计、遥感仪器及处理方法都各不相同。我国首颗红外大气背景定量遥感试验卫星以红外光学成像载荷为主,测量对象为中上层大气与高层云在时空维度上的短波与中波辐射图像数据。在测量波段和测量内容上与之相近的卫星主要集中在美国(表1-1),服务于美国空军地球实验室的背景测量计划(BMP)与空间态势感知领域,主要包括五个系列卫星。

表1-1 美国类似红外大气背景辐射测量卫星发展

年代	计划代号	主要任务
1961—1975	RM	测量大气背景在中短波红外波段内辐射统计特性;验证第一代天基红外传感器技术
1991	IBSS	大气临边红外辐射特性测量;临边红外探测技术验证
1992—1996	MSTI	中短波大气红外背景辐射数据收集;演示低成本集成传感器技术在天基光学目标预报与跟踪中的应用
1996	MSX	大气上层环境辐射特性数据收集;目标中段飞行过程探测
20世纪60年代至今	MIDAS-DSP-SBIRS-STSS	积累目标与大气背景的辐射特性数据;支撑空间监视与态势感知;构建天基预警系统

(1)辐射计(RM)系列卫星

辐射计系列卫星启动于1961年,隶属于美国"科罗娜"(Corona)计划,部分卫星也称"探索者"(Discoverer)卫星,主要用于验证第一代天基红外传感器技术,以及测量大气背景在中短波红外谱段内辐射统计特性。其中,1971年发射的RM-19卫星在2.7 μm、4.3 μm及6.3 μm附近各细分了5个通道,但是部分通道噪声非常严重,通道间的数据也没有进行标准化[3]。

(2)红外背景特性测量试验(IBSS)卫星

IBSS卫星发射于1991年,主要面向大气临边红外辐射特性测量及相关传感器技术验证,搭载的光学系统能够有效抑制地球辐射产生的杂散光,可以拍摄2~23 μm波段间的中光谱分辨率图像[4]。

(3)微型传感器技术集成(MSTI)卫星

MSTI计划包括美国1992年至1996年间研制的三颗卫星,主要目的是演示低成本集成传感器技术在天基光学目标预报与跟踪中的应用,辅助进行大气红外背景辐射数据的收集工作[5]。MSTI-1卫星于1992年11月发射,主要载荷为红外短波相机,到任务终止获取了超过10万帧红外图像。MSTI-2卫星于1994年5月发射,搭载了短波与中波红外相机,包含2.7 μm与4.3 μm周边谱段,其中红外短波用于收集云层对太阳的特殊散射数据。MSTI-3卫星在MSTI-2的基础上增加了成像光谱仪,在一年的工作寿命期间收集了60万帧以上的大气红外辐射图像,积累了大量的宝贵数据[6]。

（4）中段空间试验（MSX）卫星

美国1996年发射的MSX卫星用于天基空间监测系统技术演示,主要测量目标中段飞行过程,同时对大气上层环境辐射特性数据进行收集[7]。星上装载世界上首台紫外可见高光谱成像仪、可见光相机和红外成像望远镜SPIRIT-Ⅲ,其中SPIRIT-Ⅲ的B谱段为4.3 μm,主要用于观测红外天文卫星（IAS）发现的包括临边在内的高亮区域[8]。

（5）MIDAS-DSP-SBIRS-STSS系列军用卫星

"米达斯"（MIDAS）计划于1960年立项,以技术验证和大气红外背景辐射基础数据收集为主,其红外探测载荷的谱段一直在调整,以支撑美国初代天基导弹预警系统的谱段选择工作。1970年后,MIDAS计划被"国防支持计划"（DSP）取代[9]。1994年美国空军提出建立"天基红外系统（SBIRS）计划",以实现21世纪初期的全球空间监视任务[10]。DSP系列卫星于2007年被纳入SBIRS计划,主要用于构建系统中的高轨部分。而SBIRS中的低轨卫星部分于2001年移交给了导弹防御局,并入其"空间跟踪和监视系统（STSS）计划"[11]。这一系列军事卫星贯穿了美国整个天基预警与战略监视史,虽然我们无法获取相关载荷的具体信息,但现有资料表明,该系列卫星的关键任务之一就是获取大气、云层及临边背景等红外辐射图像数据,覆盖2.7 μm与4.3 μm附近窄波段。

另外,有关资料表明,原计划于2007年与2008年发射的两颗俄美观测卫星（RAMOS）上搭载的140 μrad中短波红外光谱成像仪的测量任务中同样包含2.7 μm和4.3 μm大气背景辐射测量[12],遗憾的是该计划由于2004年美国的退出被迫终止。我国"风云三号"系列气象卫星上搭载的红外分光计（IRAS）虽然也包含4.3 μm附近谱段[13],但其主要目的是探测大气垂直方向的温度分布,星下点分辨率只有17 km,这与本书中卫星的测量任务具有较大的差别。

1.2.2　遥感数据产品及基本处理方法

不同遥感卫星由于传感器测量对象、观测模式、应用目标、服务用户、甚至数据处理团队的不同,其数据产品的关注点与处理方法也不尽相同。海洋与气象卫星一般分辨率较低,以覆盖较大区域内的动态现象。其数据产品一般具有较高的时间分辨率与较低的空间分辨率,以关注多光谱数据的融合与反演应用,例如,美国的中分辨率成像光谱仪（MODIS）、欧洲航天局（简称欧空局）的Meteosat及中国的"风云"气象卫星系列。陆地卫星一般以地表为测量对象,具有较高的区域分辨率,其数据产品关注影像质量与成像定位,例如,美国的Landsat、法国的SPOT及中国的"高分"系列卫星。但从定量测量的角度来看,辐射定标与几何解算都是数据处理过程中必不可少的关键环节。事实上,经过这两步处理后的数据才具备真正意义上的可用性,大部分遥感卫星的数据产品分级中,都将这类数据作为一级或二级主产品[14]。

我国最新一代极轨气象业务卫星"风云三号"系列的研制水平已跻身国际先进行列。其数据产品通过中国气象局向全世界用户发布,代表了我国遥感数据处理与应用的最高水平。其在辐射定标与几何解算方面的处理内容与处理方法具有重要的参考价值。因此,这两种技术成为国内遥感数据处理发展现状中的重点调研对象。

1. 遥感数据辐射定标

现代光学测量仪器将测量对象的光学信号转换为电压后量化为数值进行输出。辐射定标旨在建立仪器输出值与辐射物理量之间的关系,是实现遥感数据定量化的首要步骤。天基光学遥感数据的辐射定标需要结合实际的在轨定标试验装置与具体试验流程,但基本原理一致,即调度在轨载荷采集辐射已知的参考源数据,利用回归分析等方式获取地面试验建立的载荷响应数字量与辐射值转化模型系数(定标系数)。参考源在测量波段内的辐射光谱形状与亮度大小应当与测量对象接近,可见近红外波段大多以地物反射率测量为主,一般采用太阳或近太阳光源,例如,太阳漫反射板、内置标准灯等[15-16];而中长波红外波段以热辐射测量为主,一般采用星上黑体作为参考源,通过控制黑体温度改变辐射等级。对于未搭载星上定标装置的卫星,可以使用月球[17]、深冷空间、恒星[18]、地表稳定辐射区域(场地定标)等自然参考源,也可以使用其他卫星的同谱段时空匹配数据进行交叉定标。场地定标和交叉定标由于需要地面配合试验或人工参与,一般并不作为自动化数据产品中定标系数的主要来源,通常用于辐射定标结果的评估验证。

辐射定标数据处理时,光电探测载荷响应值与入射能量之间的关系模型一般选用线性或二次模型。MODIS 太阳反射波段 1 级数据产品中将大气顶端反射率因子作为主要定标结果,使用线性模型描述该因子与有效响应值之间的关系,计算有效响应值时移除了背景灰度(深冷空间观测获得),并根据射前试验修正了仪器温度和扫描角度对响应值的影响[19];而在热辐射波段以大气顶端辐射亮度作为主要定标产品,使用二次模型表达仪器响应与输入辐射亮度之间的关系,在计算输入辐射亮度时,考虑了扫描镜自身的热辐射并利用深冷空间观测结果消除了背景辐射[20]。美国 2013 年发射的最新陆地系列卫星 Landsat 8 延续了 Landsat 5 和 Landsat 7 的辐射定标数据处理方法,使用线性模型描述实用陆地成像仪(OLI)和热红外传感器(TIS)入射辐射亮度与数字响应之间的关系[21-22],其中 OLI 的日常在轨辐射定标主要依靠太阳漫反射板和内置灯,1 级数据产品中同时提供大气顶端反射率定标系数;而 TIS 主要通过对星上黑体和深冷空间成像进行辐射定标,数据产品同时提供有效星上温度定标系数[23]。

我国"风云三号"系列卫星上搭载的主要光学仪器包括可见光红外扫描辐射计(VIRR)、IRAS 及中分辨率光谱成像仪(MERIS)。它们的可见光和近红外通道由于缺乏相应的在轨辐射定标装置,数据产品中直接使用实验室定标系数将仪器计数值转换为通道反照率。其中 VIRR 采用计数值与反照率的线性模型,定标系数为斜率和截距;而红外通道主要利用星上黑体和深冷空间进行线性定标,再通过地面实验获取的校正系数将仪器计数值与辐射亮度之间的关系修订为二次模型,最后进行 Planck 公式逆运算将辐射亮度转为测量对象亮温。从交叉定标与外场定标的检验情况来看,FY-3A 数据产品中的反照率与亮温定标结果与 MODIS 和高分辨率红外辐射探测仪(HIRS)具有很好的一致性[24]。

2. 遥感数据几何解算

光学遥感信息的几何解算主要基于探测器的几何成像模型,根据卫星的姿轨、光学系统结构、测量时间等信息,确定测量对象的空间位置、光照条件,以及与测量任务相关的附属几何信息。一般需要结合探测器的具体结构、工况与应用背景,确定解算内容与解算方法。

无线电掩星观测卫星主要用于测量大气的垂直廓线,其数据产品要求计算电波弯曲角、碰撞参数、电波与大气的正切半径等几何参数,从而推导大气的折射率、密度和温度的物理量[25]。因为计算结果直接关系到大气廓线在垂直方向的分布准确性,解算精度要求较高。欧空局 2009 年的全球导航大气探测产品要求,弯曲角计算精度优于 1 μrad 或 0.4%,碰撞参数定位经纬度误差小于 0.01°,高度误差小于 6 m[26]。天文卫星要求对天体的天球坐标进行精确定位,国际虚拟天文台联盟(IVOA)于 2006 年制定了天文可视化元数据(AVM)标准[27],用于规范"钱德拉""哈勃"等天文卫星的可视化数据产品,其中需要解算的几何信息主要包括天体距离、各像元天球坐标及天空投影图像等。高分辨率摄影测量卫星要求极高的定位精度,一般借助探测器严格成像模型或改进的严格成像模型[28-29],辅以地面控制点校验、姿态角补偿技术[30]等手段,对像元的地理位置和高程进行解算,例如,美国的 IKONOS 和快鸟[31]、法国的 SPOT5[32],日本的先进对地观测卫星[33](ALOS)。我国的"天绘一号"卫星无控制点定位精度可以达到 6 m/4.5 m(平面/高程)[34]。"资源三号"卫星在少量控制点的条件下,平面定位精度优于 2 m,高程定位精度优于 3 m[35]。

"风云三号"卫星一级数据产品中的几何解算内容主要包括地理定位、卫星观测天顶角和方位角及太阳光照天顶角和方位角。地理定位依靠全球定位系统(GPS)(或精轨预报模型)和星敏感器监测的卫星姿轨数据,以及遥感仪器对地观测方式计算各像元视线与地表交点的经纬高度,涉及望远镜模型、焦平面模型、扫描镜模型和像空间视向量计算模型。其中扫描镜模型包括 45°旋转扫描镜多元跨轨并扫、45°旋转扫描镜单元跨轨扫描和圆锥跨轨扫描。该卫星利用数字高程模型(DEM)数据库对局域地形视差进行校正,定位精度可以达到像元级[24]。

1.2.3 大气背景红外图像仿真技术

在天基成像探测器的设计与性能评估过程中,需要大量的大气场景图像数据进行支撑,这些数据可以帮助探测器确定合适的动态范围,选择恰当的谱段,以及采取有效的后处理方式。利用实测的方式获得这类数据代价高昂,即便能够获得,也往往受制于测量仪器和测量方案的限制,不具备普遍性和通用性。因此,基于计算机数字技术的大气背景图像仿真,成为解决这一问题的有效途径。20 世纪 90 年代,美国就已经开始了大气场景图像仿真技术方面的研究,用于对天基红外相机进行高置信度的仿真测试。例如,通用电气公司开发的先进监视系统测试平台[36-37](AST)、美国海军研究实验室开发的战略场景生成模型[38](SSGM),以及美国航空航天公司开发的可见光/红外相机优化、分析与仿真(VISTAS)软件[39-40]和参数化图像链路分析与仿真软件[41](PICASSO)。美国之外的部分西方发达国家也相继研制了类似的包含大气场景辐射图像仿真功能的系统,比较著名的有法国 OKTAL-SE 公司开发的 SE-Workbench[42]与法国国家航空航天研究院开发的 MATISSE[43]。表1-2 对这些系统中的大气辐射图像生成特点进行了比较。

表1-2 典型成像仿真系统中的大气辐射图像生成特点比较

国别	系统名称	大气辐射图像生成特点	应用
美国	AST	分形构造二维云层结构,利用经验模型数据库计算云层辐射,采用 MODTRAN 软件计算大气特性	天基红外系统高置信度仿真测试
	改进的 AST	实现了六角冰晶的云辐射模型,并结合 DSP 实测数据校验了大气与目标余晖的统计特性[37]	
	SSGM	通过变换 NOAA 卫星的实测图像数据或云层仿真程序 CLDSIM 构造来生成场景数据;具备三维云的构造能力	战略监视与武器系统的设计、开发与测试
	VISTAS	背景包括来自太阳直射与反射的杂散光、SSGM/VISTAS 生成的杂波统计特性与大气路径辐射及透过率;采用高分辨率红外辐射探测仪(NOAA HIRS/2)实测得到的全球云层统计模型作为气象条件	天基探测系统概念与设计评估
	PICASSO	使用终端对终端的二维图像仿真模式,利用 MODTRAN 软件逐像元计算大气顶端上行辐射亮度,支持从可见光到红外波段的大气图像仿真	探测任务预演、传感器测试与评估、云层场景可视化
法国	SE-Workbench	采用光线追迹的方式仿真有云场景的探测器成像,利用 MODTRAN 软件等外部大气辐射传输代码处理大气的吸收与散射过程	多传感器探测信号仿真
	MATISSE	支持三维大气场景,采用独立像元模式计算云层辐射图像,提供多种类型的云层模型与数据库,能够处理两层云叠加的情况	自然背景红外高光谱辐射亮度图像生成

从上述系统和国内外的研究现状来看,目前的红外大气背景图像仿真技术可以分为两种,一种面向探测器终端对终端的应用,对实测大气背景图像进行光谱、分辨率变换或基于实测数据统计特征模型直接生成满足需求的大气背景辐射图像[44-47]。这类方法模型简单,仿真结果与实测图像直接可比,适用于快速图像仿真,但仿真效果受限于实测数据质量,同时缺乏物理过程支撑。另一种基于成像链路,首先构造二维或三维大气场景,再通过辐射传输计算和探测器成像模型生成大气背景图像。这类方法符合探测器成像的物理机制,通用性更好,包括表1-2 在内的大多数较为先进的仿真系统大多支持这种方式。但由于这种技术涉及整个成像链路,对相关领域的理论方法和认知程度要求较高,各个环节的建模策略与参数配置都将影响最终的仿真效果。同时,由于最终图像为多节点模型的耦合结果,不太可能通过实测图像评估某一环节模型与参数的合理性,需

要逐个验证相关模型与参数的有效性。

近年来,随着我国在军事和民用领域对大气背景红外图像需求的增加,越来越多的研究者投入到相关仿真技术的研究中。这些学者大多从工程应用的角度出发,通过对 Vega、OGRE、MODTRAN 等现有三维建模、辐射传输方面软件的组合使用生成红外大气图像[48-50],强调计算机视景层面的成像仿真应用,缺乏对相关基础理论与底层方法的深入研究,没有形成细节透明的仿真工具及配套的方法体系。

1.2.4 大气场景建模与辐射传输计算

由于本书中相机工作在吸收谱段,接收到的辐射主要源自大气与云层,其中以云层的辐射分布最为关键。云是一种各向异性与不均匀性较强的传输介质,在高分辨率仿真应用中,无法忽视其水平与垂直方向的辐射结构特征,需要在三维框架内进行探讨。严格的大气场景辐射成像仿真链路涉及大气热力学、大气动力学、大气微观物理结构、粒子散射特性、辐射传输计算等众多学术领域,需要根据应用背景进行有侧重的研究。

从大气成分的角度出发,大气包含气体分子、云层、气溶胶、降雨等。本书中红外相机的主要观测对象为云和大气,因此重点考虑云层粒子与大气分子的吸收与散射作用,忽略气溶胶、降雨等其他成分的影响。

从是否考虑时域因素的角度出发,大气场景模型可以分为静态模型和动态模型。静态模型中大气的气体和粒子成分及分布情况固定;动态模型还需要考虑大气的动力学与热力学效应,一般用于研究气象预报与地球辐射收支问题。本书的仿真重心为瞬时大气上行辐射分布,并不关注大气的运动模型,因此只考虑静态大气,忽略湍流、大气杂波等动态部分。

从辐射机制的角度出发,大气场景可以分为局部热力学平衡区域,非局部热力学平衡区域,以及特殊大气现象辐射机制,如极光和大气极辉现象。局部热力学平衡区域一般处于大气热层(50 km)以下,在这一区域内单个温度点足以描述发射计算,可以通过经典的大气辐射传输方程解算大气的辐射场。当高度超过 40 km 时,大气条件开始偏离局部热力学平衡状态,需要考虑动态的化学过程导致的背景辐射,在辐射传输计算中必须指定大气内各物质的温度波动情况,即使在已知高层大气详细成分分布的情况下,仍然需要求解辐射传输方程和统计平衡方程。而对于特殊大气现象的辐射机制,目前仍然处于探索阶段,缺乏完善的理论模型。本书中红外相机的探测范围为大气的局部热力学平衡区域。

从传输理论的角度出发,大气中的辐射传输过程可以用标量辐射传输方程和矢量辐射方程进行描述。红外相机只关注测量对象的辐射亮度信息,因此本书使用标量辐射传输方程解算大气场景辐射场,不考虑辐射传输的波动效应和偏振效应。

综上所述,本书在三维大气辐射图像仿真方面的研究范围如图 1-1 所示。在对国内外文献进行检索和分析时,重点调研云层空间结构建模、云层粒子单次散射特性计算及三维大气辐射传输模型这三方面的研究现状。

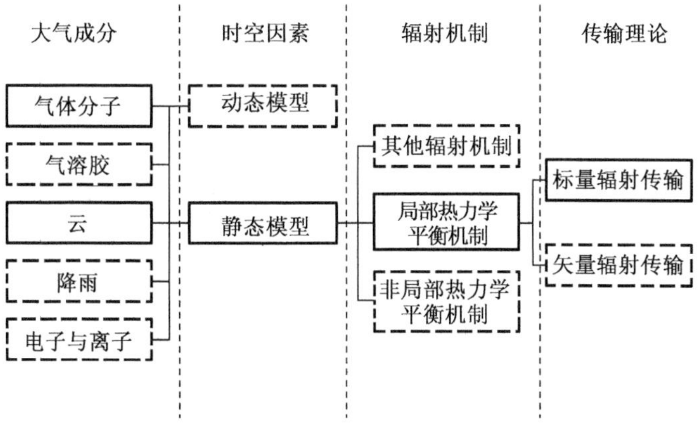

图1-1 大气三维辐射图像仿真的研究范围

1. 云层空间结构建模技术

云体由很小的水滴或冰晶组成,在水平与垂直方向上的空间结构相当复杂。1987年的FIRE试验中,曾经对云层的垂直平均含水量进行了持续观测,发现其在不同的尺度上变化较大,Baker等[51]将这些差异归结为周围环境的非均质性。为了研究有云大气中的辐射传输问题,需要从宏观几何形态与微观物理特性分布出发,建立真实的云层三维空间结构。

现有的云层空间结构建模方法主要分为两类:物理模型法与随机分形法。前者侧重模拟云层随时间的运动特征,后者侧重仿真云层空间分布的统计特性,它们的优缺点总结见表1-3。

表1-3 云层结构建模方法比较

方法	优点	缺点
物理模型法	符合真实的物理过程,可以模拟云层结构的时空变化	模型复杂,实现困难,控制参数过多且难以获得,计算量大,不适于生成高分辨率三维云层结构
随机分形法	模型参数关系相对简单,计算速度快,能够模拟云层结构的统计特性	缺乏物理过程的支撑,不适于模拟云层的动态变化,模型的有效性依赖于参数设置

(1)物理模型法

物理模型法基于大气运动的物理机制,在流体力学和热力学的框架下利用介质连续、动量守恒等基本方程组描述大气状态[52],需要考虑风速、地形等众多影响因素,比较常见的有针对云层对流的云分辨模式[53](CRM)和针对湍流现象的大涡流仿真[54](LES)。这类方法通常应用于数值天气预测(NWP)模型[55-56],典型的包括天气研究与预报(WRF)模型[57]和先进区域预报系统[58-59](ARPS)。由于物理模型法需要求解离散化后的偏微分方程组,计算成本与网格的精细程度直接相关,尽管近年来计算机运算能力不断提高,但该方法在高分辨率云层结构的生成方面仍然存在瓶颈。

（2）随机分形法

1982 年,Lovejoy[60]给出云层结构满足统计自相似的依据后,引入分形概念描述云层的结构。分形指不规则对象整体与局部在某种变换下满足严格或统计意义上的不变性。利用傅里叶变换可以构造最简单的分形算法,其功率谱满足幂率关系。1988 年,Schertzer等[61]提出多重分形云构造算法,在描述云层结构时比傅里叶法更准确。1994 年,Cahalan[62]提出有界级联分形算法,可以生成概率密度满足对数正态分布的二维云层。2003 年,Di Giuseppe 等[63]提出了基于傅里叶变换的三维层积云生成算法 SITCOM,用于研究云层空间结构对太阳辐射传输的影响。2004 年,Benassi 等[64]开发了基于小波的树驱动质量累加过程 tdMAP 来生成分形的积云。同年,Franklin Evans 和 Wiscombe[65]结合垂直定向的雷达数据,利用傅里叶滤波法生成了随机三维积云的空间结构。2005 年,Hogan 和 Kew[66]通过提取雷达观测数据,开发了基于傅里叶算法的三维卷云模型Cloudgen,但该模型并没有考虑风切变对卷云结构的影响。2006 年,Venema 等[67]采用自适应迭代幅值傅里叶变换(IAAFT)生成了指定概率密度分布函数与功率谱密度的云层结构,以研究有云大气的辐射传输问题。2010 年,Alexandrov 等[68]利用细胞随机模型构造了一种覆盖分布满足分形特征的云场生成算法。2014 年,Szczap 等[69]在前人的基础上,结合简化后的大气动力学基本方程与傅里叶变换,开发了一种能够生成层积云三维光学厚度及卷云三维含水量的云场仿真模型。另外,美国空军菲利普斯实验室开发的云层场景仿真模型(CSSM)中,也使用了经验分形算法模拟云层场景的时空四维含水量分布,并根据机载实测数据给出了多类云层的参数估计[70]。

无论是物理模型法还是随机分形法,都需要云层空间结构的实测数据作为支撑。前者将实测数据作为模型的初始化条件以及比对标准,后者将实测数据的统计特征作为模型参数的估计依据。

2. 云层粒子单次散射特性

云的微观物理状态由粒子大小及物态决定。根据大量的机载设备观测,低层云与一些中层云由 1 ~ 20 μm 左右大小的球形水滴组成,典型的水滴大小为 5 μm。高层云主要由冰晶粒子组成,常见的冰晶形状有聚合物状、子弹玫瑰花状、柱状、空心柱、板状、过冷水滴和回转体几种,尺寸为 5 ~ 1 000 μm[71]。全球卷云的覆盖比例可达 20% ~25%,采用 15 μm 通道观察发现,在热带区域卷云的出现频次可达到 50% 以上[72],由于其在大气中的特殊位置以及冰晶复杂的微观物理属性,使得卷云的辐射特性远不同于中低层云。大量学者对三维随机取向的冰晶散射特性进行了计算,但从地面[73]与卫星[74-75]的实验数据发现,高层云中还存在着大量水平取向的冰晶粒子,这些粒子是引起云观测试验中的子日、晕环,以及光弧等现象的根本原因[74-76],也可能会对空间目标探测造成影响,应予以重点考虑。

（1）球形粒子

对于球形粒子的光散射,米氏理论是应用最广泛的标准解决方案,适用于尺寸大小与入射光波长接近的粒子。目前,Wiscombe 发布的 MIEV0[77]是最通用的米氏散射计算程序。

（2）随机取向非球形冰晶粒子

对于非球形冰晶粒子,由于不同形状和尺度粒子的广泛存在,精确计算它们的单次散射特性非常困难。在过去40年间国内外学者对冰晶的基本散射特性进行了大量的研究。Kokhanovsky的散射综述文献中列举了许多解决非球形粒子的光散射的方法[78],包括几何光学法(IGOM)、T矩阵法、离散偶极子近似法(DDA)、有限时域差分法(FDTD)及边界元素法等。表1-4给出了主要方法的优缺点比较。这些研究深化了对卷云光学与辐射特性的理解与认识。2007年,我国的原桂彬博士针对粒子散射特性计算中非球形粒子等效半径计算过程烦琐、速度慢等问题,利用超椭球方程模拟任意形状的粒子,利用超椭球的体积和表面积公式求得非球形粒子的体积等效半径和表面积等效半径,简化了计算程序,实现了粒子的散射特性的快速计算[79]。

（3）水平取向非球形冰晶粒子

水平取向冰晶粒子的散射特性在近十几年来成为辐射传输的最新课题之一[80]。早在1978年,Platt就尝试利用水平取向冰晶粒子群天顶后向散射加强的特性,使用雷达观测获取实际卷云的微观物理信息[81]。他指出大尺寸粒子在空间保持为最大运动阻力的取向以稳定速度下落,如长轴保持在水平方向,但由于湍流效应出现了一定的振颤(flutter),水平面围绕垂直轴以随机大小的倾角抖动。1993年,Takano等利用几何光线法计算了水平取向六角柱冰晶粒子群的散射相矩阵[82];1997年,Mishchenko等利用T矩阵法计算了水平取向平板冰晶粒子群的散射特性[83];2006年,Burnashov等利用面元追迹法计算了水平取向平板冰晶粒子群的散射矩阵[84];2011年,Bi等开发了一种物理光学与几何光学混合的方法,用于计算任意取向冰晶粒子的散射与吸收情况[85]。因为缺乏实际卷云中水平取向粒子群的微观物理结构信息,这些研究者只是提供了假想粒子尺寸分布条件下水平取向粒子群散射特性的计算方法和计算结果。

表1-4 主要的非球形粒子单次散射特性计算方法比较

主要方法	优点	缺点
有限时域差分法[86]	适于任意形状	尺度参数大于20时失效
离散偶极子近似法[87]		
T矩阵方法[88]	适于任意形状、精确计算	尺度参数大于100时失效
光线追迹法(GOM)	适于空心六角柱、子弹玫瑰花粒子、枝状粒子和帽状六角柱	过低地估计粒子的吸收和散射效率因子
改进光线追迹法(IGOM)[86]	适于计算大粒子的散射	对于小粒子精度不够

国外对水平粒子散射特性的研究大多集中在镜面反射方向,因为这是水平取向粒子群的最明显特征。1995年,Shanks等采用辐射传输经验近似的方式仿真了子日等光学现象的辐射图像[89]。2005年,美国和俄罗斯联合开展了云层散射的测量方案,通过测量云室内模拟生成的卷云,以及外场实测的方式,研究水平取向卷云在镜面反射方向的辐射情况[90]。2008年,Lavigne等结合几何光学与衍射理论,比较了三种不同波长情况下水

平取向粒子群在镜面反射方向上与非水平取向粒子群的辐射差异,结果表明前者比后者要高上 2~3 个数量级[91]。2012 年,Zhou 等开发了用于仿真水平取向与随机取向混合冰晶粒子群回传星载激光雷达信号的蒙特卡洛(MC)辐射传输模型[92]。

国内对水平取向冰晶粒子群的研究报道较少,2013 年,哈尔滨工业大学的 Wang 与 Zhang 等结合冰晶粒子的几何反射与远场衍射效应,采用 MC 统计的方式推导出了振颤水平取向圆形粒子的镜像反射相函数计算模型[93]。

3. 大气辐射传输计算

电磁辐射在大气介质中传输时,大气的吸收和散射效应将导致辐射的强度、频率、传播方向及偏振状态发生变化。在对局部大气进行辐射传输计算时,一般采用当地直角坐标系,将大气看成立方体,这样可以大大简化空间离散化与辐射传输方程求解的难度。单色辐射传输问题存在大量的数值解法,其中有些基于对辐射传输方程的离散化处理,更多地则基于直观物理过程的考虑。精确的数值解法包括离散坐标法、球谐函数法、累加法及 MC 法。为了得到辐射传输方程的解析解,需要对多次散射问题进行简化,于是衍生出了许多近似求解法,如逐次散射法、二流/四流近似、单次散射近似、爱丁顿近似、离散坐标法及 δ 函数调整法等,在此基础上形成了大量辐射传输计算模式。按计算时考虑的大气空间维度数划分,现有的大气辐射传输计算模型可以分为一维平面平行模型和三维模型。

(1)一维平面平行大气辐射传输模型

平面平行大气辐射传输模型将大气近似为水平方向均匀的结构,只考虑其在一维高度方向上的非均匀性。这种模型的优势在于模型简单、计算速度快,其中应用最为广泛的 LOWTRAN 和 MODTRAN 系列代码已经开发到了第五版本,光谱分辨率达到了 $0.1~\mathrm{cm}^{-1}$。表 1-5 列出了部分典型平面平行大气辐射传输计算程序及它们各自的特点。平面平行辐射传输模型也可以扩展到三维应用,称为独立像元近似法[23]。其主要思路是将非匀质大气划分为若干柱状介质,对每个柱体采用平面平行假设,整体辐射认为是所有柱体的叠加。独立像元近似法没有考虑水平方向上介质辐射的相互耦合,计算精度较低,但计算效率极高,适用于全球气候模式。

(2)三维大气辐射传输模型

真实的云层在水平方向上有一定的结构变化,需要在三维辐射传输的框架内才能解释,这也是 21 世纪以来辐射传输研究的热点之一。三维辐射传输方法的研究难点在于处理多次散射问题,多次散射过程会将不同方向的辐射强度耦合起来,使辐射传输计算的复杂程度发生质的变化。三维辐射传输方程实际上是一个五维(三维空间加两维角度)边界值问题,现已有许多数值法,主要分为两类:确定性显式数值解法与基于统计的MC 法[94]。

显式数值法利用空间离散化将复杂的积分微分方程转化为常微分方程组,进而通过线性代数进行方程组求解。其中最具代表性的是 Evans 开发的 SHDOM 模型[95],最新的 SHDOM 模型已经应用于三维矢量辐射传输计算。

MC 法分为前向 MC 法和后向 MC 法。前者从辐射源释放大量光子并在介质中追踪它们,适用于通量等大概率事件的计算,不适用于小视场的辐射亮度计算;而后者则从探测器释放光子进行追踪,适用于观测模式计算,但无法获取整个三维辐射场的信息。MC 法的优势在于模型简单,易于实现,原则上可应用于任意几何外形与散射特性的介质。但其更适用于处理散射问题,无法处理热辐射问题,在中长波红外谱段的应用受到限制。另外,MC 法的计算误差随光子数的增大而减小,为了获得比较准确的结果,往往需要大量的时间成本。事实上,近年来三维辐射传输领域的大部分研究致力于 MC 法的改进[96]。20 世纪 90 年代末期,Pincus 等人组织发起了国际三维大气传输代码比对计划(I3RC),现已收集了包括 MCARaTS、MC – UNIK 与 Grimaldi 等[97]在内的多种优秀三维 MC 辐射传输模式。

2009 年,显示数值法与 MC 法的代表人物 Pincus 与 Evans 在发表的一篇论文中比较了 SHDOM 模型与 MC 法在不同计算需求下的性能[98]。研究得出,MC 法在计算通量散度与下行通量时效率更高,而 SHDOM 模型在计算多方向像元级辐射时性能优势明显,更适用于遥感图像的仿真应用。

表1-5 部分典型平面平行辐射传输计算程序

年份	代表人物	模型名称	特点
1988	Stamnes[99]	DISORT	解决了离散坐标法矩阵形式中的特征值、特征矢量及积分常数的求解问题
1998	Ricchiazzi	SBDART	可用来对遥感与大气能量收支研究中辐射传输问题进行分析
1998	Key[100]	STREAMER	计算各种大气和地表条件下的辐射亮度与通量
1998	Key[100]	FluxNet	计算短波与长波的上行与下行辐射通量,计算速度比 STREAMER 提高了 2~4 个量级
1989	美国空军地球物理实验室[101]	LOWTRAN 和 MODTRAN 系列代码	可用于遥感应用中的大气透过率与辐射计算
2005	Mayer[102]	libRadtran	计算谱段内太阳与地表的辐射亮度、强度与通量
2005	Rozanov[103-104]	SCIATRAN	用来计算紫外至近红外波段的太阳散射与权重函数
2006	Evans[105]	SHDOMPP	用来计算源函数含太阳与热辐射的大气辐射亮度与通量

4. 波段辐射计算

无论是显示数值法还是 MC 法,其理论基础都是单色辐射传输方程,地球大气辐射过程中的吸收、散射和热辐射都可由该方程进行描述。光学传感器具有一定的谱段宽度,对一给定的光谱间隔,单色辐射传输方程必须在波数空间积分。然而由于大气吸收的非灰性[106],辐射受激气体产生大量的谱线,如果用波数作为独立变量来遍历计算波段内的辐射,则计算量相当庞大。因此在实际应用中,有必要提供一种快速而精确的辐射计算方法。

目前被认为"最精确"的波数积分方法是逐线(LBL)积分法,但由于该方法计算非常耗时,通常只应用在一维大气辐射传输模式中,主要的代表有 FASCODE 和 LBLRTM。更多情况下,把 LBL 积分作为计算的参考标准,来判别其他波数积分方案的精度。

早期的光谱积分方法有带模式法、经验和半经验法[107]。带模式法的基本思想是,在某一小频段内,将描述分子辐射跃迁的某些参量用其平均值代替。把带模式法和经验参数结合起来的方法称为半经验法,这一方法将透过率用解析函数的形式表示出来,再选择合适的经验参数。基于带模式法发展起来的 LOWTRAN 和 MODTRAN,在大气辐射传输计算中占有重要地位,但在处理散射大气时仍然精度较低。

最近十几年发展起来的 k 分布模式和 CKD 模式可以很好地处理吸收和散射同时存在的辐射传输问题,它开辟了一种全新的处理辐射积分问题的途径,在红外辐射传输计算中被大量采用[108-110],Lu 等甚至将其扩展到了云层加热率计算中[111]。CKD 法所需的计算量正比于 k 区间的数目,因此当计算精度满足的前提下,应采用尽量少的区间数目来提高效率[112],这在三维辐射传输问题中具有特殊的重要性,因为仅对单区间的辐射计算就需要很长时间,SHDOM 模型中就采用了这种方法处理谱段积分问题[95]。如何生成优化的 k 区间参数,如 k 区间数目、等效体吸收系数以及积分权重,在三维辐射传输计算中仍是一个有待解决的问题。

有两种比较有效的方法确定 CKD 参数。一种是采用非线性最小二乘法,使 LBL 与 CKD 结果的差异最小,Cusack 和 Nakajima 等[112-113]在计算宽带通量与加热/冷却率时采用了该方法,此外 Zhang 等[114-115]研究了 k 区间数目的选取对无云大气辐射传输结果的影响,然而这些优化不是总能成功[114]。更为重要的是,以往所有的研究虽然能够很好地适用于气候模式中,但在遥感应用中对三维辐射进行逐线计算的时间成本是无法让人接受的。在不考虑散射时,上行辐射亮度正比于透过率,因此可采用透过率函数指数和拟合算法(ESFT)来生成 CKD 中的吸收系数。Hunt 与 Grant[116]在卷云红外吸收散射问题中曾采用该方法。然而 ESFT 是一个经典的病态问题,在拟合过程中可同时得到 k 值与积分权重。此外,ESFT 仅适用于均匀大气,尽管采用尺度近似法能够考虑吸收系数随气压与温度的变化,但其精度有限[117]。哈尔滨工业大学的 Cao 与 Zhang 等于 2011 年提出了基于阈值分割的 k 区间参数组合优化算法[118],适用于非强吸收谱段的大气辐射上行计算。

另一种更为简单的方法是采用固定权重模式的 $\Delta\log k$ 法[118-120]或高斯求积法[114,119,121-123]。$\Delta\log k$ 法是指对吸收系数的对数进行均分,使得 k 分布中 k 值较大的一端能够得到较多的采样机会,该方法在大气加热率的参数化应用中效果很好[124];高斯求积法直接使用高斯或改进后的高斯求积节点和权重进行积分。这类方法很容易确定 CKD 参数,但必须以降低效率的代价来提高计算精度。因此,有必要研究新的 k 区间参数优选算法,来加速谱带内大气辐射亮度的计算。

1.2.5 存在的主要问题

根据国内外发展现状的综述,结合我国红外大气背景测量试验卫星的特殊应用背景和实际工况,归纳提炼出与本书相关研究内容方面存在的主要问题。

（1）遥感数据的处理方法方面

从国内外研究现状可以看出,辐射定标和几何解算是定量遥感卫星数据处理的核心内容,计算结果构成了其数据产品的关键部分,是后续深入应用的基础。我国首颗红外大气背景测量试验卫星同样面临迫切的数据处理工作,其中部分共性问题可以参考现有卫星产品公布的处理技术,但具体的处理内容、处理方法和实现方式必须结合实际卫星与载荷的测量对象、工作模式、在轨定标试验过程、下传数据,以及应用需求等综合考虑,以求在稳定性、准确性及数据产品的全面性、有效性方面满足工程应用和科学研究的要求。

（2）红外大气背景图像仿真方面

我国在天基红外系统指标论证与方案设计过程中,由于对大气背景等成像对象的特性认识不足,相应的理论方法体系不够完善,缺乏有力的辅助工具与手段,导致若干关键指标的选择存在主观性与盲目性,对所设计系统的实际性能无法进行可靠的分析。SSGM、STK、SE-Workbench等欧美先进的成像仿真系统软件,由于涉及军事用途和商业利益,一般整个软件或是核心模块都对我国禁用。即使能够获得,其代价也非常高,并且源代码与数据库等重要信息会被屏蔽甚至篡改。这些软件的技术细节几乎完全保密,我们只能获得少数功能、结构、方法理论概述等宏观层面的资料。我国发射的这颗红外大气背景测量卫星的主要任务之一就是积累红外大气背景的高分辨率辐射图像数据,指导大气背景红外图像的仿真工作。另一方面,实测数据的覆盖性毕竟有限,为加快我国天基红外成像探测系统的建设步伐,避免技术挫折,少走弯路,急需在相关理论方法与技术手段上有所突破。由于云层的存在,在进行低轨遥感图像仿真时需要考虑其在三维方向的辐射结构特征。从上述国内外现状可知,整个仿真技术链路涉及云层空间结构建模、粒子散射特性计算和三维大气辐射传输等一系列课题,需要从技术的可行性和有效性出发,对各方面理论进行筛选、整合、改进、实现、验证,形成一套完整的仿真方法体系,建立属于我国的、技术透明的大气场景辐射图像仿真平台。

（3）水平取向冰晶粒子散射特性计算方面

高层云中水平取向冰晶粒子的镜向反射现象是我们比较关心的问题,也是本书中卫星红外短波的重点测量对象之一。到目前为止,在冰晶镜向反射建模方面的研究很少,仅有的几种计算方法均为数值法,计算复杂、耗时且不适于尺度参数较大的冰晶粒子。因此需要建立理论计算模型,用于冰云镜向散射的估计和仿真。

（4）谱带辐射传输计算方面

无论是 MC 法还是辐射传输方程的离散坐标数值法,都只针对单色辐射传输过程。红外相机关注的是光谱区间内的辐射亮度,需要在相机谱段内,对大气的辐射进行频率或波长积分,因此在实际应用中,有必要提供一种快速而精确的谱带辐射计算方法。作者团队于 2011 年提出的基于阈值分割的 k 区间参数组合优化算法可以在一定程度上解决这一问题,但是该方法仍然具有很多不足与改进的空间。例如,该方法在进行 k 区间优化时,以谱带内平均透过率作为优化的目标值,而并非更加关注的上行辐射亮度。同时,该方法并不适用于强吸收谱段。因此,有必要针对强吸收谱段大气的辐射传输,建立更加直接的 k 区间优化策略。

1.3 本书主要内容

本书围绕上述问题开展研究,主要研究内容包括:红外相机测量数据处理与云层图像仿真总体技术研究,红外相机在轨辐射定标数据处理技术,红外相机测量图像观测几何信息解算技术,实测大气背景辐射亮度图像数据统计特性分析与仿真应用及基于三维场景辐射建模的云层图像仿真。本书研究内容及相互之间的关系如图1-2所示。

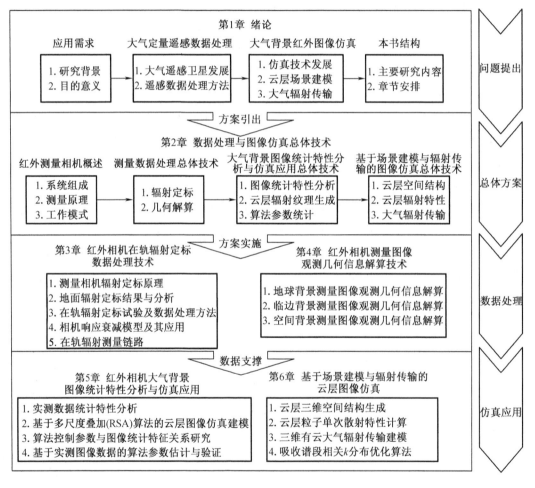

图1-2 本书研究内容及相互关系

第2章给出了天基红外测量相机的参数配置、工作模式与系统组成;分析测量相机数据的处理任务与应用需求,将辐射定标与观测几何信息获取作为数据处理的重点,并对具体的处理内容与处理目标进行规划;从对红外大气辐射图像仿真的认识与测量数据实际应用的角度出发,设计出基于二维实测图像统计特性和基于三维场景建模与辐射传输两种不同仿真方法的研究思路与技术方案。

第3章与第4章为红外测量相机数据处理技术。

第3章主要研究红外相机的在轨辐射定标数据处理技术。从测量对象的辐射特性出发,给出红外相机的辐射定标原理与黑体选择依据,并对地面定标试验方法与结果进行描述;根据在轨定标试验制定数据处理流程,结合实际下传数据,总结出三类无效数据的特征与相应剔除方法;通过分析由空间污染物导致的相机响应衰减现象,建立具有一定物理意义的相机响应衰减模型;在此基础上,提出污染容限的判断准则与定标系数的估计方法;最后,从测量链路出发,对相机在轨辐射测量误差进行分析总结。

第4章主要针对红外相机数据处理工作中的几何解算问题。根据相机的实际观测模式与测量对象,将拍摄图像分类为地球背景、临边背景与空间背景;分析不同类型背景所关注的几何信息差异,设计不同的几何解算内容与计算方法;利用卫星实际下传的姿轨等数据,将几何解算结果与STK进行比对验证,并给出部分应用实例。

第5章分析了实测大气辐射亮度图像的统计特性,阐述利用分形理论进行云层仿真的可行性与合理性,引入多尺度叠加分形算法建立云层辐射亮度图像仿真模型;通过数值实验研究二维分形算法控制参数与生成图像统计特征之间的关系,对模型的参数估计问题进行探讨;基于部分红外相机实测云层图像,验证仿真模型的性能与效果。

第6章针对第5章仿真模型的不足,提出基于场景建模与辐射传输的仿真体系。将多尺度叠加分形算法扩展到三维空间构造云层含水量分布;给出球形粒子与随机取向的非球形粒子的单次散射特性计算方法,重点对水平取向平板粒子的镜向散射相函数进行建模与验证研究。基于菲涅尔反射与夫琅和费远场衍射理论,建立振颤平板冰晶粒子的镜向散射相函数的计算模型,并利用T矩阵和MC法进行模型验证;根据云层和大气的空间分布特性,建立适用于吸收波段的三维辐射传输模型与CKD参数优化方法,并用SHDOM对计算精度进行验证;最后给出不同辐射特性三维云层的辐射亮度图像仿真实例。

第7章结论与展望部分总结了本书的创新性研究成果及意义,并展望了后续的研究内容和方向。

第2章 数据处理与图像仿真总体技术

2.1 天基红外测量相机工作原理与组成

2.1.1 工作原理

红外大气背景测量试验卫星主要用于收集大气与云层的红外辐射图像数据,关键光学载荷为制冷红外凝视相机。不同于传统光学遥感相机选用的大气窗口谱段,该相机的两个主要测量谱段为 2.7 μm 和 4.3 μm,处于大气的强吸收区域,对源自地面及低层大气的上行辐射有较强的抑制作用,适用于探测中上层大气的辐射特性数据。其中 2.7 μm 为水汽吸收带,对中高层云的散射比较敏感,主要用于收集卷云(高层冰云)的短波后向散射数据,特别是云层中水平取向冰晶粒子的镜向反射数据。而 4.3 μm 处于二氧化碳的振转吸收带,红外中波对温度比较敏感,主要用于收集中高层大气的热辐射数据。

考虑到星上数据存储设备的容量限制及尽量减少测量过程中的环境变化,测量相机没有采用 24 h 不间断拍摄的方式,而是以任务形式规划测量时间单元,每次在轨测量任务设计为不超过 15 min。常规状态下,一次完整的测量任务主要包括四个步骤,流程如图 2 - 1 所示。

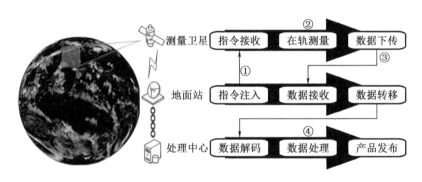

图 2 - 1 测量相机工作流程

(1)指令注入

开机时间、相机配置、摆镜角度,以及卫星姿态等相关的观测控制指令将在测量任务执行前一段时间由地面站远程注入星务计算机。相机的增益和积分时间需要根据测量时刻的光照条件和测量对象的辐射强弱预先估计。

（2）在轨测量

卫星与相机按照注入指令执行测量任务,测量过程一般包括大气背景拍摄与在轨辐射定标试验。红外相机通过光学系统与光电转换器件,将大气顶端的上行辐射能量转换为电压,经过量化后以灰度数据的形式输出。这些灰度数据无法直接使用,需要经过辐射定标转换为辐射亮度数据。卫星上搭载有标准黑体辐射源,用于开展在轨辐射定标试验,帮助建立相机灰度响应与入射辐射亮度之间的关系。

（3）数据下传

卫星没有配备中继通信系统,需在过顶地面站时将测量数据压缩下传。测量数据中不仅包括红外相机拍摄的灰度图像数据,还包括相机的状态监测数据,以及卫星本身与其他载荷的测量与监测数据。

（4）数据处理

地面站接收到卫星下传的测量数据后通过光纤传输给地面数据处理中心。处理中心首先对原始数据进行解码、分类、入库,再由各载荷相应的地面处理系统进行处理,发布成通用型一级数据产品,供其他研究团体进行后续研究分析。

2.1.2　观测模式

为了满足测量任务需求,卫星设计具有 5 种基本观测模式,相应的测量内容与描述见表 2 – 1。

表 2 – 1　红外测量相机基本观测模式

观测模式	测量内容与描述
星下点观测	常规测量模式;相机视线指向星下点方向;用于广泛收集大气背景的辐射数据[图 2 – 2(a)]
固定区域观测	凝视预先设置的固定纬度、经度和高度区域;用于收集特殊现象的辐射数据,如火山爆发和火灾等[图 2 – 2(b)]
地球临边观测	将相机视线调整到指定切线高度与方位;用于收集地球临边背景辐射数据[图 2 – 2(c)]
镜面反射观测	控制视线沿太阳镜面反射的负方向观测地球;主要用于收集高层卷云的镜面反射数据[图 2 – 2(d)]
恒星观测	沿固定的天球方向凝视恒星;主要用于估计相机的点扩散函数,以及指向精度[图 2 – 2(e)]

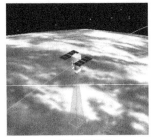
(a)星下点观测

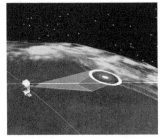
(b)固定区域观测

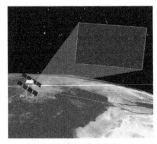
(c)地球临边观测

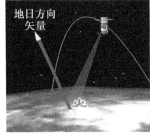
(d)镜面反射观测

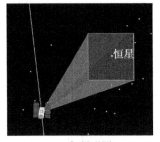
(e)恒星观测

图2-2 红外测量卫星观测模式示意

2.1.3 系统组成

在轨红外测量相机系统组成如图2-3所示,其主要功能组件包括星上黑体、二维指向摆镜、光学望远系统、滤光轮以及焦面阵列。所有红外波段通道共用同一个光学系统和焦面,通过转动滤光轮实现谱段间的切换。表2-2列出了该相机的主要技术指标。

①星上黑体。红外相机在轨定标试验的标准辐射源,位于光学系统的入瞳处,以保证黑体辐射能量在焦面上的均匀分布。由于短波和中波红外拥有不同的背景辐射特性,配置了两个具有不同温度范围的黑体。短波定标黑体所需的温度范围较高,采用加热片加热方式;中波定标黑体所需温度范围低于载荷环境控制温度,采用辐射制冷方式。

②二维指向摆镜。二维指向摆镜用于控制测量相机的视线方向,摆镜可绕俯仰轴和滚转轴进行二维角度转动,实现背景测量与在轨定标黑体测量之间的光路切换,以及满足不同背景测量模式的视线控制要求。

③光学望远系统。光学望远系统将来自大气背景的辐射或反射红外信号聚焦成像在焦面上,采用透射式光学系统设计,孔径光阑为焦面探测器前的冷光阑。

④滤光轮。滤光轮安装有对应不同光谱通道的滤光片,配有脉冲管制冷系统;主要应用谱段包括2.7 μm附近的窄带短波通道,4.3 μm附近的窄带中波通道,以及宽带地标通道。

⑤焦面阵列。焦面阵列完成红外光电信号的转换、采集与处理;采用斯特林制冷系统,可以通过调节电子增益和积分时间以适应较大的大气背景辐射测量范围。

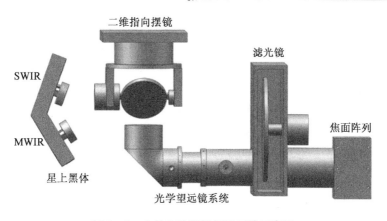

二维指向摆镜

滤光镜

SWIR

MWIR

星上黑体

焦面阵列

光学望远镜系统

图2-3 在轨红外测量相机系统示意图

表2-2 红外测量相机的主要技术指标

指标内容	指标参数
像元角分辨率/mrad	0.3
红外焦面阵列	320×256 HgCdTe
增益挡位	1，3，4
积分时间/ms	0.1~40
红外焦面波段范围/cm^{-1}	2 000~4 000
短波通道波段范围/cm^{-1}	3 390~3 704
中波通道波段范围/cm^{-1}	2 247~2 381
地标通道波段范围/cm^{-1}	2 174~4 000
短波黑体温度范围/K	273~360
中波黑体温度范围/K	240~273
量化位数/bits	12
最大帧频速率/Hz	25

2.2 测量数据处理总体技术

由国内外定量遥感数据的处理过程可知,辐射定标和几何信息解算是两大核心部分。下面结合本书中的测量相机,对这两方面的总体技术方案进行综述。

2.2.1 辐射定标处理

红外测量相机辐射定标方面的总体技术方案如图2-4所示。总体方案首先从辐射定标的原理出发,分析测量对象的辐射特性,进而阐述定标策略和定标装置的选择依据;对地面实验室定标试验与数据处理方法进行描述,分析定标结果,为在轨定标模型与处理方法的制订提供支撑;根据在轨定标试验流程,制订合适的数据处理流程;在分析大量在轨定标试验数据的基础上,对无效数据的分类与自动筛除方法进行研究,给出实测图像辐射定标结果;针对运行过程中出现的由相机内部污染引起的相机响应衰减现象,建立具有一定物理意义的描述模型,基于该模型对污染容限的确定准则和定标系数的估计方法进行讨论。其中,在轨定标试验的数据处理方法和相机衰减模型的建立与应用部分为研究的重点。

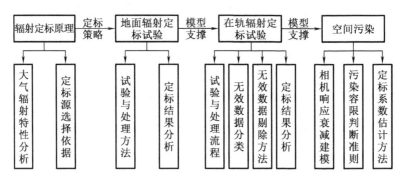

图 2-4　红外相机辐射定标总体技术方案

2.2.2　几何信息解算

几何信息解算方面的技术方案主要从相机的观测模式和后续应用的角度出发(图 2-5)。由前述的卫星测量模式可知,相机的观测对象可以分为地球背景、临边背景,以及星空背景。对于地球背景,主要关心大气与云层的辐射特性,因此将图像的地理定位、观测和光照条件作为主要解算内容;对于临边背景,主要关心大气辐射在垂直方向上的变化情况,因此将大气临边的切线高度和图像中水平线与图像轴的夹角作为主要解算内容;对于星空背景,主要关心相机视线的指向定位,因此将各像元指向位置在天球坐标系下的赤经和赤纬作为主要解算内容。在对上述几何信息解算内容和解算方法进行阐述后,为了证明解算信息的正确性和有效性,将部分实测数据的解算结果与 STK 进行比较验证,并举出应用实例。

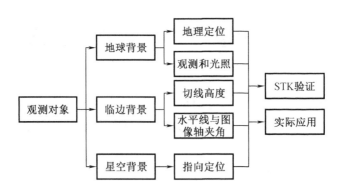

图 2-5　测量数据几何信息解算总体技术方案

2.3 大气背景图像统计特性分析与仿真应用总体技术

为了提高对大气背景辐射特性的认知程度,本节对红外相机实测大气背景辐射亮度图像数据进行统计特性分析;结合分析结果与云层纹理的分形特征,建立基于二维多尺度叠加分形算法的云层辐射亮度图像仿真模型,将统计特征作为仿真结果的有效性评价依据。由于模型的控制参数与仿真图像统计特征并不一定具有显式关系,这里采用数值实验的方式研究二者之间的关系;根据实测图像的辐射统计特征对模型参数进行估计,将仿真图像与实测图像进行比较,验证仿真模型的有效性。实测数据统计特性分析与仿真应用总体技术方案如图2-6所示。

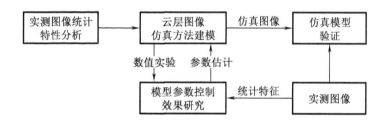

图2-6 实测数据统计特性分析与仿真应用总体技术方案

2.4 基于场景建模与辐射传输的图像仿真总体技术

基于场景建模与辐射传输的图像仿真链路需要经历场景建模、辐射传输计算和探测器模型三个部分。其中,云层的空间结构建模、云层单次散射特性计算及大气场景成像辐射传输是本书的研究重点(图2-7);而在探测器模型方面只考虑理想几何光学条件下焦平面与大气辐射场的物象关系,不对探测器的光电成像机理与传函影响进行深入研究。为了与红外相机的测量谱段相契合,本书重点研究红外吸收波段的辐射图像仿真方法,以便后续结合实测数据开展验证对比工作。

2.4.1 云层空间结构建模

云层空间结构建模可划分为云层宏观区域构造与云层微观物理参量生成两部分研

究内容。云层空间结构建模技术方案如图 2-8 所示。

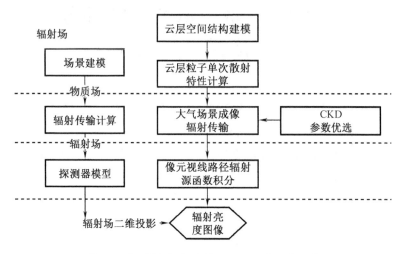

图 2-7　基于场景建模与辐射传输的云层图像仿真总体技术方案

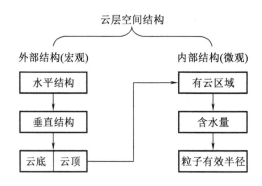

图 2-8　云层空间结构建模技术方案

　　构造云层宏观区域的方法是将三维空间划分为网格柱体单元,网格柱体单元的集合构成了云层宏观区域的三维计算支撑域,云层为处在该支撑域内的封闭三维几何体,云层的空间结构通过含云网格柱体元的高度区间来构造;通过随机分形算法,在设定的三维支撑域内叠加上分形扰动,依次生成云层的水平与垂直结构。

　　微观参量主要包括含水量与粒子有效半径。对含云空间网格体元,根据所在的位置、温度求得平均含水量,利用分形值作为其扰动;根据含水量与有效半径的经验公式,求得各有云网格体元的粒子有效半径。

2.4.2　云层单次散射特性

　　云层单次散射特性的计算总体技术方案如图 2-9 所示。云层粒子按形状分为球形与非球形粒子,其中非球形粒子又可分为随机取向与固定取向。球形粒子的散射特性采用米氏散射理论计算;随机取向非球形粒子采用组合计算方案来解决;固定取向粒子主要考虑卷云中的水平取向冰晶,以平板粒子作为切入点。计算时,首先建立完全水平取向的镜向散射相函数模型;然后考虑振颤效应,得到经振颤调制后的模型;最后通过 T 矩阵和 MC 法来验证模型的有效性。

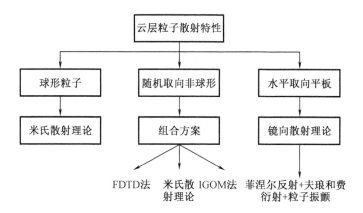

图 2 – 9　云层粒子单次散射特性计算总体技术方案

2.4.3　大气场景成像辐射传输

大气场景成像辐射传输技术方案如图 2 – 10 所示。

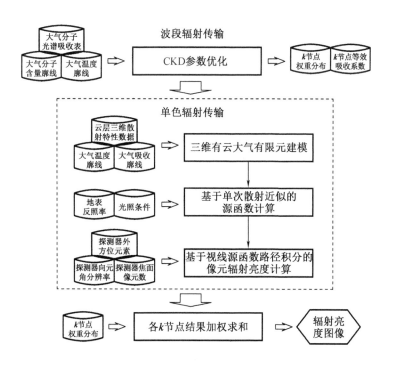

图 2 – 10　大气场景成像辐射传输技术方案

对于单色辐射传输,根据大气与云层的吸收/散射特性参数对三维场景进行有限元建模;针对红外吸收波段的辐射特性,采用单次散射近似计算场景中各网格点的源函数;对探测器像元视线上的源函数进行路径积分,计算每一个像元对应的光谱辐射亮度。

对于波段辐射传输,则采用 CKD 技术。为了进一步提高吸收波段内的大气辐射计算效率,对 CKD 参数进行优化,求取各 k 节点的权重与大气等效吸收廓线;利用大气等效吸收廓线和单色辐射传输方法计算单个 k 节点下的像元光谱辐射亮度;使用 k 节点权重对各节点的计算结果加权求和,即可获得探测器波段的积分辐射亮度图像。

2.5 本章小结

本章系统阐述了天基红外测量相机的工作原理、工作模式与系统组成;根据相机的实际在轨运行流程、数据状态与应用需求,阐述了辐射定标和几何解算两部分核心处理内容的总体技术方案;给出了红外相机实测数据统计特性分析与仿真应用研究方案;对基于场景建模与辐射传输的图像仿真链路进行了分析,总结了云层空间结构特性建模、云层单次散射特性计算,以及大气场景辐射传输等相关环节的研究思路。本章作为各章内容的综述,可以帮助读者快速了解全文的总体技术与研究架构。

第3章 红外相机在轨辐射
定标数据处理技术

卫星搭载的红外相机设有红外短波与红外中波两个通道,各通道拥有独立的在轨辐射定标黑体。黑体之间的温度范围不同。在对红外相机在轨定标试验数据进行处理的过程中发现三个具有代表意义的实际问题。

(1)如何自动去除无效的定标数据

不同于稳定的实验室环境,复杂的空间环境导致在轨辐射定标试验的可控性变差。粒子冲击、定标组件之间的时统失配、数据下传错误等影响因素都将造成无效数据的比例增加[125-126],产生无法预计的定标误差。根据任务设计,该相机的生命周期内需要进行频繁的在轨辐射定标试验,采用人工方式剔除回路中的无效数据显然无法满足实际处理的需求。因此需要根据卫星下传的实际数据,设计一套自动机制完成从无效数据过滤到定标系数计算的完整过程。

(2)当相机系统内部存在污染时,如何确定合适的在轨去污时间

国内外的多个实例表明,由于卫星内部污染物的存在,天基光学传感器在轨运行一段时间后响应性能将发生退化[127-129]。为了应对这种情况,本书中相机采用目前常用的加热升温方式进行去污[130-131],但去污过程耗时较长,无法频繁进行。因此亟须制定污染容限准则,帮助确定合适的在轨去污时间。

(3)如何在相机响应衰减的情况下减少定标误差

当相机响应发生衰减时,辐射定标系数与工作时间产生强依赖性[132-133]。直接采用时间上相隔较远的定标系数进行辐射标定将产生较大误差。在衰减非常严重的情况下,必须不断开展在轨定标试验更新定标系数,最小化时间效应的影响。为了应对时间匹配定标系数缺失的情况,需要寻求更精确的定标系数估计方法。

本章结合红外相机三个月内近百次的在轨辐射试验数据,对上述三个问题进行探索性研究并给出了相应的解决方案。

3.1 辐射定标原理

对于红外面阵光电探测系统,辐射定标的主要目的在于定量化地建立探测对象表观辐射亮度与相机焦面各像元响应灰度之间的关系模型:

$$L_{app}(m,n) = f[G(m,n),m,n] \quad m=1,2,\cdots,M; n=1,2,\cdots,N \quad (3-1)$$

式中，$f[G(m,n),m,n]$ 为 $M \times N$ 焦面阵列第 n 行，第 m 列位置像元的辐射标定方程，当该像元的输入表观辐射亮度为 L_{app} 时，输出数字灰度为 G。如果已知 $f(*)$，即可将相机获得的灰度值(DN)转化为测量对象的表观辐射亮度。

典型的 $f(*)$ 表达形式包括线性模型和二次模型：

$$L_{app}(m,n) = b(m,n) \cdot G(m,n) + a(m,n) \tag{3-2}$$

$$L_{app}(m,n) = e(m,n) \cdot G^2(m,n) + d(m,n) \cdot G(m,n) + c(m,n) \tag{3-3}$$

在辐射定标试验中，采用辐射能量已知的标准源作为探测对象。通过调节标准源的辐射大小，采集不同辐射亮度输入条件下相机的灰度响应数据，最后利用回归分析法估计式(3-2)和式(3-3)中的系数 $a \sim e$ 的值。

大多数红外遥感探测器的短波通道设置为大气窗口内的太阳反射波段，用于获取地物的反射参数。此时探测器接收到的主要辐射源为地物反射的太阳光，因此一般直接选择经漫反射板反射后的太阳光或钨灯等类太阳光谱光源作为在轨辐射定标时的标准辐射源。本书涉及的红外测量相机比较特殊，其短波通道位于 $2.7~\mu m$ 附近，是水汽和二氧化碳的重叠吸收波段。地表反射太阳的能量受到底层大气的强烈吸收，很难到达探测器的焦面。该特性非常有利于中高层云，特别是高层卷云的散射数据收集。图 3-1 给出了星下点观测模式下利用 MDOTRAN 计算出的标准卷云表观光谱辐射亮度曲线。与太阳漫反射的光谱辐射亮度曲线相比，卷云在短波通道内的光谱辐射能量分布更接近于 350 K 左右的黑体辐射。而中波通道位于二氧化碳的吸收波段，该波段大气光谱辐射与 240 K 左右的黑体辐射较为吻合。一般而言，定标源的辐射亮度应当覆盖测量对象的辐射亮度范围。借助大气辐射传输软件，估计卷云在 A 谱段($2.7~\mu m$)的辐射亮度与大气背景在 B 谱段($4.3~\mu m$)的辐射亮度处于 $10^{-3} \sim 10^{-2}~W/(m^2 \cdot sr)$。因此，本书实际在轨辐射定标时选用了两个不同温度范围的黑体作为标准辐射源，以满足不同波段测量范围要求。

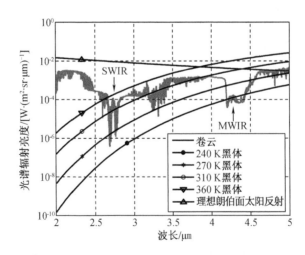

图 3-1　卷云、不同温度黑体及太阳漫反射光谱辐射亮度曲线

严格意义上，使用基于标准黑体建立的标定方程只能将相机测量的灰度值转换为等

效黑体亮度,并不是大气顶端真实的波段积分亮度。它并没有考虑到黑体与非灰体大气之间的光谱辐射差异。虽然可以通过大气辐射传输程序及实验室测量的相机光谱响应曲线,对二者之间的误差进行粗略估计,但是现有条件下仍然无法支撑更精确的光谱校正,这需要同场景大气顶端的光谱测量数据或是实际大气廓线的详细信息。尽管如此,标定方程的标定结果已经能够有效反映大气与云层背景的辐射特性,足够支撑开展大气时域和空域结构特征的研究。

3.2　地面辐射定标

相机的地面辐射定标试验在实验室环境下的真空舱内完成,主要用于测试和验证相机的响应非线性程度和信噪比等技术设计指标。真空舱内的温度恒定在 100 K。相机的热控系统模拟在轨运行模式,将相机内部的环境温度维持在 273 K 附近,分别利用在轨内置黑体与外部黑体作为标准辐射源进行试验。试验过程中,黑体的温度控制点见表 3－1。在每一个黑体温度点,相机都将采集多帧图像。计算每一个像元的时序灰度均值($\overline{G}$)作为该黑体温度点对应的像元响应,以减小随机测量误差的影响。

$$\overline{G}(T_{BB}, m, n) = \frac{1}{I} \sum_{i=1}^{I} G_i(T_{BB}, m, n) \tag{3-4}$$

式中,I 为黑体温度为 T_{BB} 时采集的图像帧数。

表 3－1　辐射定标试验黑体温度点控制

通道	黑体温度点
A 谱段(2.7 μm)	T_{A1}(312 K),T_{A2}(325 K),T_{A3}(340 K),T_{A4}(351 K)
B 谱段(4.3 μm)	T_{B1}(240 K),T_{B2}(248 K),T_{B3}(258 K),T_{B4}(271 K)

分别使用黑体定标数据建立相机的线性响应模型(短波使用 T_{A1} 和 T_{A4} 黑体图像,中波使用 T_{B1} 和 T_{B4} 黑体图像)和二次响应模型(短波使用 T_{A1}、T_{A3} 和 T_{A4} 黑体图像,中波使用 T_{B1}、T_{B3} 和 T_{B4} 黑体图像)。利用建立好的模型计算相机在 T_{A2} 和 T_{B2} 时的灰度响应,将其与相机在这两个温度点的实际响应进行比较,估计不同定标模型的模型误差:

$$\varepsilon_{mod}(T_{test}) = \frac{|\langle G_e(T_{test})\rangle - \langle \overline{G}_m(T_{test})\rangle|}{\langle \overline{G}_m(T_{test})\rangle} \tag{3-5}$$

式中　$G_e(T_{test})$——相机对检验温度 T_{test} 下黑体的模型估计灰度;

　　$\overline{G}_m(T_{test})$——黑体在 T_{test} 温度下的相机实测灰度;

　　$\langle * \rangle$——像面平均符号,代表一幅图像所有像元的均值计算,即

$$\langle G \rangle = \frac{1}{MN} \sum_{m=1}^{M} \sum_{n=1}^{N} G(m, n) \tag{3-6}$$

表 3 - 2 给出了实验室环境下使用内置黑体进行辐射定标试验时,获取的线性定标模型与二次定标模型在不同积分时间和增益组合下的模型误差及相机对高低温黑体成像时的信噪比情况。在黑体检验温度点,两种模型的误差均小于 1%,都能够对相机响应关系进行精确描述。虽然二次模型误差要略小于线性模型,但二者之间的差别不超过 0.25%。

表 3 - 2 地面辐射定标试验中线性定标模型和二次定标模型的模型误差及相机对高低温黑体成像时的信噪比情况

通道	增益	积分时间/ms	T_{test}	$\varepsilon_{mod}/\%$			黑体低温	信噪比	黑体高温	信噪比
				线性模型	二次模型	差异				
短波	1	12.6	T_{A2}	0.31	0.18	0.13	T_{A1}	15.30	T_{A4}	81.91
		24	T_{A2}	0.29	0.14	0.15	T_{A1}	27.93	T_{A4}	149.09
		39	T_{A2}	0.35	0.18	0.17	T_{A1}	43.90	T_{A4}	252.61
	3	4	T_{A2}	0.20	0.10	0.10	T_{A1}	13.18	T_{A4}	70.86
		12.6	T_{A2}	0.26	0.20	0.06	T_{A1}	41.39	T_{A4}	219.14
		24	T_{A2}	0.49	0.48	0.01	T_{A1}	54.39	T_{A4}	248.41
	4	12.6	T_{A2}	0.58	0.37	0.21	T_{A1}	47.15	T_{A4}	240.88
中波	1	12.6	T_{B2}	0.97	0.81	0.16	T_{B1}	31.38	T_{B4}	142.30
		24	T_{B2}	0.95	0.75	0.20	T_{B1}	59.24	T_{B4}	267.52
		39	T_{B2}	0.82	0.77	0.05	T_{B1}	96.94	T_{B4}	448.64
	3	4	T_{B2}	0.76	0.64	0.12	T_{B1}	27.56	T_{B4}	125.35
		12.6	T_{B2}	0.49	0.49	0.00	T_{B1}	81.54	T_{B4}	380.55
		24	T_{B2}	0.72	0.82	0.10	T_{B1}	141.40	T_{B4}	451.60
	4	12.6	T_{B2}	0.92	0.67	0.25	T_{B1}	104.88	T_{B4}	401.64

表 3 - 2 同时给出了相机发射前的信噪比测试情况。SNR 的计算方法参考了《红外焦平面阵列特性参数测试技术规范》(GB/T 17444—1998)[134]。黑体温度为 T_{BB} 时的 SNR 表达式可以写为

$$SNR(T_{BB}) = \left\langle \frac{\overline{G}(T_{BB},m,n) + \dfrac{a(m,n)}{b(m,n)}}{\sqrt{\dfrac{1}{I}\sum_{i=1}^{I}[G_i(T_{BB},m,n) - \overline{G}(T_{BB},m,n)]^2}} \right\rangle \qquad (3-7)$$

平均符 $\langle * \rangle$ 内的分母项表示每一个独立像元的噪声等效灰度(NEDN),用像元测量值 $G_i(T_{BB},m,n)$ 的均方根误差表示;分子项表示像元对黑体辐射的平均响应,用像元总灰度减去线性定标模型偏移项 $\dfrac{-a(m,n)}{b(m,n)}$ 的方式估计,这种估计方法成立的前提是偏移项几乎不受黑体温度变化的影响。

3.3 在轨辐射定标

3.3.1 在轨辐射定标试验与数据处理流程

相机正式在轨运行后分别对 A、B 谱段进行了一次全温度辐射定标试验。两个内置黑体分别从各自的温度下限缓慢上升到温度上限,并在表 3－1 中列出的温度点短暂停留。图 3－2 给出了试验中相机焦面的平均灰度响应随黑体辐射亮度的变化情况及采用高低温定标模型时的非线性误差曲线(⟶ 线)。为了便于比较,图中同时绘制了相机地面定标试验获取的线性定标方程曲线(⟶ 线)。可以看出,由于测量环境的变化,相机在轨响应曲线明显偏离了地面试验结果,但是仍然具有良好的线性度。在垂直线标出的测量范围内,相机非线性误差基本控制在 2% 以内。考虑到使用线性模型只需测量两个黑体温度点的辐射响应,可以大大简化在轨定标试验过程及数据处理难度,同时其模型精度处于可接受的范围,因此在实际应用中将其作为正式定标模型。

一次完整的常规在轨辐射定标包含两部分:在轨定标试验与相关图像数据处理,图 3－3 给出了它们的详细流程图。每一次测量任务都安排有相应的在轨定标试验,以减少相机组件性能衰减、成像环境变化等时间相关因素对测量数据标定结果有效性的影响。试验过程中,只有黑体温度稳定在高低温定标点时,相机才对黑体进行图像采集,以减少较大黑体温度变化导致的杂散光起伏。黑体升温过程中,二维摆镜改变指向方向,相机按任务设置对测量对象进行正常成像。

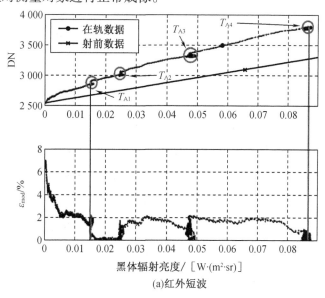

(a)红外短波

图 3－2 在轨全温度辐射定标试验中相机平均灰度响应随黑体辐射亮度变化曲线、地面定标试验线性定标模型曲线与在轨辐射定标的非线性误差

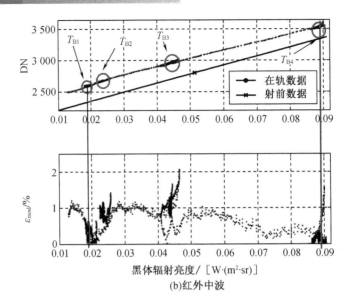

(b)红外中波

图 3－2（续）

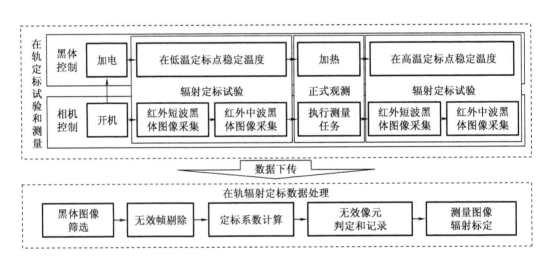

图 3－3　常规在轨辐射定标流程图

黑体定标图像数据和测量对象图像数据将同时下传到地面数据处理中心进行处理。数据处理程序将首先根据焦面温度、摆镜转角、滤光轮角度等相机相关组件状态的遥测数据,对可用的黑体图像进行初步筛选;再根据每帧图像的灰度分布情况对有效定标数据进行进一步筛选;利用筛选后的数据计算相机每一个像元的定标系数［式(3－2)中的系数 a 和 b］;考察各像元的定标系数值,对无效像元进行判断;最后利用式(3－2)对测量对象灰度图像进行辐射亮度标定。有效定标图像筛选的方法与无效像元判别的策略将在下一小节进行详细论述。

3.3.2 异常定标数据分类及剔除方法

与地面试验环境相比,在轨环境更加复杂,可控性更弱,导致相机定标试验中获取的异常数据增多,定标数据整体有效性下降。如果数据处理时不进行异常数据剔除,最终标定结果将会产生无法预料的误差。另一方面,由于在轨辐射定标试验穿插在每一次测量任务中,相机整个生命周期中将频繁产生大量的定标数据。采用人在回路筛选数据的方式显然无法满足要求,因此,需要在对异常数据充分了解的基础上,研制合适的算法程序进行自动筛选。

在分析了近百次在轨辐射定标试验中获取的黑体图像后,这里给出三种最主要的无效数据类型的表现特征与可能的形成原因。

①无效黑体图像。定标图像的整体或局部明显异于该温度点黑体的正常图像。这类数据产生的主要原因是定标试验过程中相机各组件的调度失配。虽然在数据处理初期,已经根据随图像数据下传的黑体温度、滤光轮角度、焦面温度等定标组件相关状态参数,对有效定标图像进行了初步筛选,但是由于相机各组件状态监测系统采样频率存在时统匹配误差,这些参数并不能完全真实反映相机当时的工作状态。图3-4给出了由滤光轮转动角度失配引起的典型无效黑体图像。

| (a)中波定标试验中滤光轮过早切换到了短波通道 | (b)短波定标试验中滤光轮切换到了中波通道 | (c)滤光轮并未处于正常位置状态 |

图3-4　无效黑体图像

②数据丢失。在星地通信过程中,如果地面接收站法线方向与卫星天线指向方向的夹角过大或者传输过程中受到强电磁场的干扰,将会导致部分下传图像数据的丢失[135]。如图3-5所示,这类异常数据的表现形式通常是图像中出现随机位置和随机宽度的黑色条纹,而这些条纹中并不包含黑体辐射的任何信息。

③无效像元。在轨运行状态下,相机的无效像元数会增多,包括死像元、过热像元、闪烁像元,以及响应逆增长像元(灰度值随辐射亮度的升高而降低)[136]。这类像元的共同特征可以归纳为响应异常,无法正确反映灰度值与入射亮度值的线性映射关系。图3-6给出了一帧正常的在轨定标黑体图像,图像中的亮点与黑点为典型的无效像元。

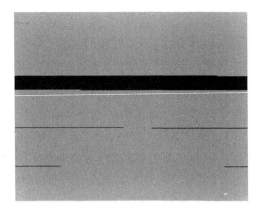

图 3－5　数据丢失后的黑体图像

图 3－6　定标图像中的无效像元的黑体图像

第一类无效数据通常混杂在正常黑体图像序列中,其共同特征是像面上相当比例的像元具有野值响应。令 $G_i(T_{BB}, m, n)$ 表示黑体温度为 T_{BB} 时,第 i 帧定标图像的像元响应灰度。分别计算每一帧图像的像面响应均值即可获得 T_{BB} 时的相机平均响应序列 $\{\langle G_i(T_{BB})\rangle, i=1,2,\cdots,J\}$。满足下列条件的图像数据为有效帧:

$$(1-H_f) \cdot G_{median}(T_{BB}) \leqslant \langle G_i(T_{BB})\rangle \leqslant (1+H_f) \cdot G_{median}(T_{BB}) \qquad (3-8)$$

式中　$G_{median}(T_{BB})$——平均灰度序列 $\{\langle G_i(T_{BB})\rangle, i=1,2,\cdots,J\}$ 的中值,用于估计黑体温度 T_{BB} 时的相机正常响应灰度;

　　　　H_f——人为指定的相机有效灰度范围阈值,应略大于相机的随机测量误差。在实际应用中,$H_f = 0.05$ 对于本研究中使用的相机具有较好的效果。

利用式(3－8)可以同时剔除一部分第二类无效数据。因为数据的丢失同样会造成像面整体响应的下降,但是大多数情况下,丢失数据的像元个数并不足以将 $\langle G_i(T_{BB})\rangle$ 拉低到式(3－8)限制的范围之外。因此,为了应对这种情况,设计了式(3－9):

$$(1-H_p) \cdot \langle G_i(T_{BB})\rangle \leqslant G_i(T_{BB}, m, n) \leqslant (1+H_p) \cdot \langle G_i(T_{BB})\rangle \qquad (3-9)$$

式中,H_p 为像元响应异常判断阈值。

由于黑体位于相机光学系统的入瞳处,理想的黑体图像灰度应分布均匀,各像元的响应灰度应当在像面灰度均值附近浮动。该式的物理含义实际上是将每个像元的灰度响应与像面平均灰度响应进行对比,从而判断该像元是否携带有效信息。对一幅图像中违背式(3-9)的像元进行统计,如果统计值大于某一阈值比例 P_t,则认为该帧图像无效。实际应用中,建议选用较为宽松的 P_t 值。因为由于第三类无效数据的存在,即使一幅没有任何数据丢失的定标图像仍然存在许多坏点,但这类图像并不需要舍弃整帧数据。H_p 的取值应当考虑到实际焦面的工艺水平大于焦面阵列像元间本身的非均匀性。

第三类无效数据很难像第一类和第二类无效数据一样采用预处理的方式进行提前剔除。通过分析发现,像元的响应异常将最终导致计算获得的乘性定标系数 b[见式(3-2)]偏离正常范围。图3-7给出了某次定标试验中相机各像元定标系数 b^{-1} 的频次分布图。b^{-1} 取值空间被平均分成了100份,如果某像元的系数值出现频次小于0.005,则认为该像元响应异常,其像面位置将被记录下来,最终使用周边位置像元的辐射标定均值来替代。

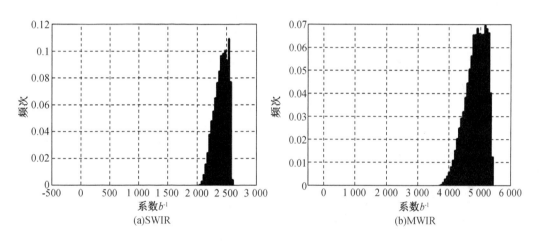

图3-7　像元定标斜率系数 b^{-1} 的频次分布图

3.3.3　辐射标定结果

一旦计算出了各像元的定标系数即可利用式(3-2)对相机拍摄到的图像进行辐射标定,将灰度数据转化为更能反映测量对象物理属性的表观辐射亮度数据。理想情况下,一幅辐射标定后的黑体图像应当完全均匀,并且每一个像元的辐射亮度值等于黑体的出射辐射亮度。

表3-3给出了利用定标系数对非定标温度点黑体图像的辐射标定统计结果。在定标系数的求取过程中,采用了上一小节提及的无效数据自动剔除方法。表中 L_b 为黑体的理论辐射亮度;L_c 为标定后图像的平均辐射亮度;ε_r 定义为定标相对误差,$\varepsilon_r = \dfrac{|L_c - L_b|}{L_b}$;$\sigma_a$ 和 σ_r 分别为标定后图像像元辐射亮度分布的绝对标准差和相对标准差。可以看出,短波与中波的 ε_r 值均小于1.45%,表明标定结果的精度较高;σ_r 值小于2.16%,表明相机的非均匀性得到了良好校正。图3-8为原始背景测量灰度图像与辐

射标定后亮度图像对比,可以看出,自动定标处理程序对无效像元进行了有效剔除,标定后的图像纹理清晰、质量优异。

表 3 – 3　黑体图像的辐射标定统计结果

波段	$L_b/[\mathrm{W}\cdot(\mathrm{m}^2\cdot\mathrm{sr})^{-1}]$	$L_c/[\mathrm{W}\cdot(\mathrm{m}^2\cdot\mathrm{sr})^{-1}]$	$\varepsilon_r/\%$	$\sigma_a/[\mathrm{W}\cdot(\mathrm{m}^2\cdot\mathrm{s})^{-1}]$	$\sigma_r/\%$
SWIR	0.068 8	0.069 5	1.02	0.001 5	2.16
MWIR	0.055 3	0.056 1	1.45	0.001 2	2.14

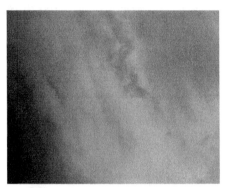

(a)原始红外短波图像　　　　　　　　(b)定标后的红外短波图像

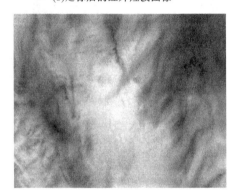

(c)原始红外中波图像　　　　　　　　(d)定标后的红外中波图像

图 3 – 8　原始背景测量灰度图像与辐射标定后的亮度图像对比

3.4　空间污染条件下相机的响应衰减模型及其应用

　　光学遥感卫星在轨运行一段时间后,星载探测器受空间污染物的影响,响应性能会有一定程度的下降。我国于 20 世纪 80 年代末发射的第一颗太阳同步轨道气象卫星 FY-1A,在轨运行很短时间内,扫描辐射计处于低温下的红外探测器窗口便受到了水汽污染,以致失效[137]。导致天基探测系统响应下降的主要污染物包括水汽和有机化合物[138-140]。前者产生的主要原因是卫星组件材料在入轨后的高真空状态下将研制、运送和发射过程中吸附的水汽释放,通常在卫星运行初期起主导作用;后者主要由高挥发性的非金属复合材料引起,如硅油等。这些随在轨时间逐渐增加的污染物在较低的环境温度下会凝结附着在探测器光学元件表面[140],改变整个光学系统的光谱透过率,导致光电转换器件实际接收到的能量下降。为了减少空间污染物的产生,国内外制定了一系列从航天材料优选到覆盖整个航天设备制造环节的污染控制制度,并且取得了瞩目的成果。NASA 应用 ASTM E595-90 标准测试方法对大量航天材料进行了出气试验,至今已积累了数千种空间复合材料的出气数据[141]。我国也于 2012 年制定了《真空条件下材料挥发性能测试方法》(QJ1558A—2012),并研制了相应的测试装置。尽管如此,对于一些研发条件有限的小型试验卫星,仍然不大可能完全消除空间污染物的影响。

为了减少空间污染物对相机光学元件的损害,测量相机采用热控系统升温的方式进行在轨去污。但是由于加热去污过程耗时较长,并且在此期间相机无法执行正常的成像测量任务,频繁去污是不可取的。因此需要对相机的去污准则进行进一步的研究,以帮助确定合适的污染容限与去污时机。另一方面,由于空间污染物的存在,相机对同一温度黑体的实际响应会逐渐降低,这将导致定标系数值依赖于在轨定标试验时刻。如果相机的响应衰减较为严重,直接使用一段时间以前的历史定标系数对当前图像数据进行辐射标定无疑将造成较大的误差。事实上这也是每次测量任务都需要安排定标试验的重要原因之一。但是,受实际条件限制,无法对相机的在轨运行状态进行实时控制,可能会出现由远程指令上注错误或器件故障导致的在轨定标试验失败或定标数据不可用的情况。因此亟须研究更精确的定标系数估计方法,以减少由于时间匹配定标数据缺失引起的辐射标定误差。

3.4.1 测量相机响应衰减现象与成因分析

测量相机的短波和中波通道在发射后不久即出现了响应衰减的现象,图 3-9 给出了 2 个月内从在轨定标试验中获取的相机平均灰度响应和等效噪声灰度的变化情况,横轴 t 表示相机的相对在轨运行时间。在这些试验中,相机的配置参数一致,增益为 3,积分时间为 24 ms,帧频为 1 Hz。短波通道在初始的 300 h 内响应值迅速下降,下降幅度超过 10%,随后进入了一段 300 h 左右的稳定期。在轨工作 600 h 后相机响应再次呈现明显的下降趋势。当 $t \approx 1\,200$ h 时,相机的平均灰度已不足初始时刻的 75%。相比之下,中波通道的衰减曲线要平缓得多,工作 1 200 h 后的灰度响应只下降了不到 7%。虽然很多因素都会导致相机的响应能力发生类似衰减,但是根据分析判断,主要原因应当是相机系统内部逐渐增多的污染物减少了实际到达红外焦面阵列的光子个数,造成相机对同一温度黑体的响应发生衰减。这一结论的得出主要有两个依据。一个依据是,从卫星发回的远程监控数据来看,黑体温度、焦面温度、滤光轮温度等定标试验中相关组件的运行参数均处于正常的波动范围内。虽然这些数据只反映了相机状态的部分信息,无法反映例如黑体辐射率下降等元件老化因素产生的影响,但是从过去的经验来看,这些因素在小时间尺度内不太可能导致如此明显的响应衰减现象。另一个依据更加直接,在卫星发射之后的测试期内,开展了一系列的试验以检验卫星和载荷的工作状态是否正常。在此期间,已经发现了类似的相机响应衰减现象。因此,在相机正式运行之前,启动了一次为期6天的在轨加热去污操作。图3-9中的横轴起始位置($t=0$)即为去污后首次在轨定标试验时刻,可以认为此时不存在空间污染物的影响。去污后的相机响应恢复到了正常水平,但是很快又开始了新一轮的衰减。导致相机短波与中波响应衰减速率出现明显差异的主要原因可能是污染物中的水汽成分,其在2.7 μm波长附近具有强吸收特性。图3-9中同样绘制了NEDN随在轨相对时间的变化,但是并没有发现显著的趋势特征。

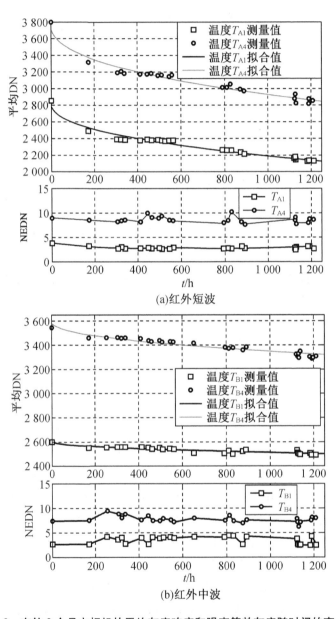

图3-9　在轨2个月内相机的平均灰度响应和噪声等效灰度随时间的变化情况

3.4.2　测量相机响应衰减建模

在轨定标试验中,相机的灰度响应 $G(t, T_{BB})$ 来源于两个部分:一部分是相机对黑体辐射产生的响应 $G_B(t, T_{BB})$;另一部分则是由杂散光和暗电流等非黑体因素引起的响应 $G_N(t, T_{BB})$,即

$$G(t, T_{BB}) = G_B(t, T_{BB}) + G_N(t, T_{BB}) \qquad (3-10)$$

考虑到黑体在指定定标温度下的辐射较为稳定,经空间污染物吸收后的黑体辐射响应 $G_B(t, T_{BB})$ 可以用 Beer - Lambert 定律表示

$$G_B(t, T_{BB}) = G_B(0, T_{BB}) \exp[-\tau_G(t, T_{BB})] \qquad (3-11)$$

式中　$G_B(0, T_{BB})$——$t = 0$ 时刻黑体的辐射响应;

τ_G——传输路径上空间污染物的光学厚度。

假设 τ_G 随 $t^{\frac{1}{2}}$ 线性增长,并且增长速率为 α,该假设也许并不符合污染物光学厚度的实际增长情况,但是具有简单的表达形式和不错的实际应用效果

$$\tau_G(t, T_{BB}) \approx \alpha(T_{BB}) \cdot t^{\frac{1}{2}} \qquad \alpha > 0 \qquad (3-12)$$

非黑体响应项 $G_N(t, T_{BB})$ 的组成非常复杂,应当至少包括定标试验过程中杂散光与暗电流的影响。杂散光由离轴辐射、光学系统衍射、散射和自身热辐射等组成[142]。建立杂散光与在轨运行相对时间 t 之间的关系模型需要大量的数据样本进行仿真分析,现有数据无法支撑这一研究。同时,目前也没有开展任何试验估计相机在轨工作时暗电流的大小,这意味着不太可能将暗电流响应从 $G_N(t, T_{BB})$ 中分离出来。因此,将 $G_N(t, T_{BB})$ 作为一个整体偏移项,假设其具有和 $G_B(t, T_{BB})$ 一样的指数变化形式,且变化速率为 β。此时,相机响应随时间的衰减关系可以表示为

$$G(t, T_{BB}) = G_B(0, T_{BB}) \exp[-\alpha(T_{BB}) \cdot t^{\frac{1}{2}}] + G_N(0, T_{BB}) \exp[\beta(T_{BB}) \cdot t^{\frac{1}{2}}] \qquad \alpha > 0$$
$$(3-13)$$

当 $t = 0$ 时,式(3 - 13)变为 $G(0, T_{BB}) = G_B(0, T_{BB}) + G_N(0, T_{BB})$,与相机的初始响应状态自洽。注意到与黑体响应项 $G_B(t, T_{BB})$ 不同,式(3 - 13)并没有限制非黑体响应项 $G_N(t, T_{BB})$ 的指数符号。虽然一些文献研究表明杂散光会随着污染物的增多而变强[143-145],但是由于光学系统及应用环境之间的差异,以及未知暗电流漂移的存在,仍然无法确定实际 $G_B(t, T_{BB})$ 与 t 的相关方向。

式(3 - 13)所表达的衰减模型中需要拟合的参数包括 $G_B(0, T_{BB})$、α、$G_N(0, T_{BB})$ 和 β。$G_B(0, T_{BB})$ 和 $G_N(0, T_{BB})$ 的初值可以利用式(3 - 7)中的分子式估计获得,α 和 β 的初值均设为0。表3 - 4 给出了对图3 - 9 中数据的拟合结果,拟合曲线直接绘制在了图3 - 9 中。两个通道拟合后的相对均方根误差均小于 1.3% ,表明相机响应衰减模型的良好适用性。虽然从拟合结果来看,短波通道拥有较大的 $G_N(0, T_{BB})$ 值和 $-\beta$ 值,其中 $-\beta$ 值甚至要比中波通道高接近一个量级,但是这并不能说明短波通道的非黑体辐射响应初始值一定强于中波通道或短波通道非黑体辐射响应的衰减速度要远大于中波通道。因为 $G_N(0, T_{BB})$ 与 $-\beta$ 的拟合结果很大程度上依赖于在轨工作初始阶段的相机响应数据,而图3 - 9 中初始 200 h 内的数据点个数非常有限,导致 $G_N(0, T_{BB})$ 与 $-\beta$ 的拟合结果置信

水平偏低。

表 3 – 4　相机响应衰减模型的拟合结果

通道	T_{BB}	$G_B(0, T_{BB})$	$\alpha(T_{BB})$	$G_N(0, T_{BB})$	$\beta(T_{BB})$	相对均方根误差/%
SWIR	T_{A1}	202.71	7.60×10^{-3}	2 597.62	-7.82×10^{-3}	1.12
	T_{A4}	1 137.70	7.60×10^{-3}	2 597.47	-7.82×10^{-3}	1.27
MWIR	T_{B1}	280.96	5.06×10^{-3}	2 324.89	-7.21×10^{-4}	0.47
	T_{B4}	1 263.59	5.14×10^{-3}	2 327.36	-7.65×10^{-4}	0.64

3.4.3　污染容限判断准则

在相机灰度响应衰减模型的基础上,结合实际应用中空间污染对相机主要探测能力的影响情况,制定出了三条在轨污染容限的判断准则。这些准则不仅仅适用于本书中涉及的红外测量相机,对其他类似的天基光电探测系统也有一定的启发作用。

①考察衰减后的低温黑体响应灰度是否仍然处于相机正常的线性响应范围内。辐射定标试验中,黑体在定标温度点的辐射亮度很大程度上代表了对测量对象辐射亮度的估计。相机在高低温定标点的响应灰度应当处于相机的线性响应范围内以确保式(3 – 2)的适用性,即

$$G_{1,\min} < G(t, T_{BBlow}) < G(t, T_{BBhigh}) < G_{1,\max} \tag{3 – 14}$$

式中　$G_{1,\max}$、$G_{1,\min}$——相机线性响应范围的上、下限;

　　　　T_{BBhigh}、T_{BBlow}——在轨辐射定标试验中的黑体高、低定标温度。

$G(t, T_{BBlow})$ 实际上反映了对大气弱背景辐射的响应估计。当衰减后的 $G(t, T_{BBlow})$ 低于 $G_{1,\min}$ 时,需要考虑进行在轨加热去污操作。图 3 – 10 给出了利用表 3 – 4 中相机响应衰减模型预估出的相机短波与中波通道对低温黑体的平均灰度响应随在轨相对工作时间的变化趋势。由于相机的红外通道共用一个焦平面阵列,短波的污染容限更小,如果相机的 $G_{1,\min}$ 为 2 100,建议在 $t \approx 1\ 350$ h 左右进行在轨去污。

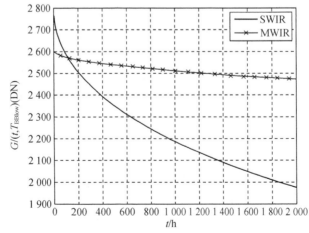

图 3 – 10　短波和中波通道对低温黑体的平均灰度响应随在轨相对工作时间变化趋势的预估曲线

②考察响应衰减后相机的辐射分辨率是否仍然满足要求。定义 $\Delta L(t)$ 为时间相关的相机辐射分辨率：

$$\Delta L(t) = \frac{L(T_{BBhigh}) - L(T_{BBlow})}{G(t, T_{BBhigh}) - G(t, T_{BBlow})} \qquad (3-15)$$

式中 $L(T_{BBhigh})$、$L(T_{BBlow})$——黑体在定标温度点下的理论辐射亮度；

$G(t, T_{BBhigh})$、$G(t, T_{BBlow})$——相机的响应灰度。

从图 3-9 中可以看出，$G(t, T_{BBhigh})$ 的衰减速率要略大于 $G(t, T_{BBlow})$，这将导致 $\Delta L(t)$ 值逐渐降低。当 $\Delta L(t)$ 下降至最小辐射分辨率要求附近时，必须执行加热去污。图 3-11 给出了利用相机响应衰减模型预估出的红外通道辐射分辨率随时间的变化情况。该相机的短波和中波通道均要求 $\Delta L(t) \leqslant 10^{-4}$ W/(m² · sr · DN)，因此去污时间应当选择 $t \leqslant 1\ 300$ h。

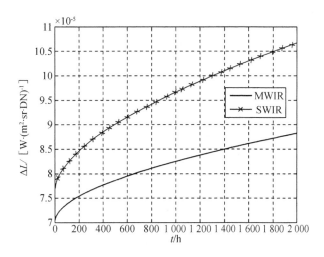

图 3-11 短波和中波通道辐射分辨率随时间变化的预估曲线

③考察响应衰减后相机对弱背景进行探测时信噪比(SNR)是否仍然可以接受。SNR 是光电探测系统应用中最重要的指标之一，特别是探测对象辐射较弱时，更是决定了系统的成像性能。式(3-7)给出了利用辐射定标试验数据估计红外相机 SNR 的方法。从图 3-9 中可以看出，虽然相机红外通道的响应在随时间衰减，但是噪声等效灰度值却保持在同一水平上，并没有发生明显趋势性变化。在任意给定时刻 t，将图 3-9 中各次在轨试验中获取的等效噪声灰度平均值作为噪声信号，将相机响应衰减模型预估的 $G_B(t, T_{BB})$ 作为信号强度。图 3-12 给出了相机对低温黑体成像时 SNR 随时间变化的预估曲线。如果要求两个通道对弱背景探测时的 SNR 大于 50，那么加热去污时间应当选择 $t \approx 2\ 250$ h。

相机最终的污染容限应当综合考虑上述三项准则后进行制定，建议选择较早的去污时刻，防止星上无效测量数据的增多。

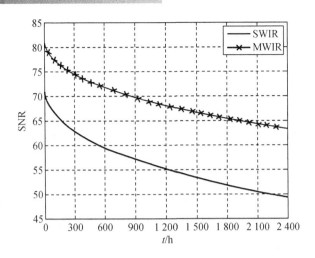

图 3-12   短波和中波通道对低温黑体成像时 SNR 随时间变化的预估曲线

3.4.4   辐射定标系数估计方法

利用测量相机灰度响应衰减模型可以估计任意给定时刻相机的定标系数,对缺乏在轨定标试验支撑的测量数据进行辐射标定。根据式(3-13)依次建立焦面每个像元的灰度响应衰减模型,并对模型中的参数进行拟合求取。通过衰减模型估计各像元在给定时刻对高低温黑体的灰度响应。像元的估计定标系数可以通过求解由式(3-2)组成的方程组获得。

分别采用历史定标系数、当轨定标系数($t=1\,211$ h)及模型预估的定标系数,对短波和中波在轨工作 1 211 h 的黑体图像进行了辐射亮度标定。该时刻的定标试验数据并未参与像元响应衰减模型参数的拟合,不会影响测试样本与拟合模型之间的独立关系。由前述无效像元的判定方法可知,不同的定标系数来源将导致判别出的无效像元分布出现差异。以使用当轨定标系数筛选出的无效像元位置作为基准,统计使用其他定标系数时对无效像元的误判数和漏判数。表 3-5 和表 3-6 中列出了最终的标定结果,表中 N_{tot}、N_{fal} 和 N_{und} 分别表示无效像元的总数、误判数和漏判数,其他符号的定义与表 3-3 一致。从表中可以得出以下结论。

①在辐射亮度标定方面,由于相机响应衰减的存在,越早的定标系数产生的误差越大。而使用模型预估定标系数的优势明显,标定出的像面平均辐射亮度接近当轨定标系数的标定结果,短波和中波的辐射亮度相对误差 ε_r 均可控制在 7% 以内。

②在非均匀性校正方面,当轨定标系数的校正效果无疑最好,模型预估定标系数与历史定标系数的校正效果没有明显区别,二者校正后的辐射亮度图像绝对标准差 σ_a 处于同一水平。但在使用预估系数时对相机的响应衰减进行了有效补偿,校正后图像相对标准差 σ_r 明显减小。

③在无效像元剔除方面,使用预估定标系数与历史定标系数都无法有效定位新出现的无效像元,二者的漏检数处于同一水平。但使用预估定标系数将导致无效像元的总数

与误判数大幅增多。这主要是因为预估定标系数实际上由历史定标数据拟合获得,基于历史定标系数判定出的无效像元位置有很大可能仍被判定为无效。换句话说,预估无效像元更接近历史无效像元的并集。即便如此,预估无效像元的总数也不到焦面阵列总像元数的1%,对像面总体质量的影响微乎其微。

表3-5 短波通道不同定标系数对黑体图像的辐射标定结果(黑体温度:315 K)

定标系数	t/h	$L_b/[\text{W}\cdot(\text{m}^2\cdot\text{sr})^{-1}]$	$L_c/[\text{W}\cdot(\text{m}^2\cdot\text{sr})^{-1}]$	ε_r /%	$\sigma_a/[\text{W}\cdot(\text{m}^2\cdot\text{sr})^{-1}]$	σ_r /%	异常像元		
							N_{tot}	N_{fal}	N_{und}
历史	323	0.015 4	−0.007 2	146.76	0.003 7	−51.03	357	18	214
	545		−0.007 3	147.18	0.004 9	−67.19	359	21	215
	813		0.002 9	81.01	0.002 0	67.06	392	14	175
	1 128		0.012 9	16.07	0.003 4	26.69	591	45	7
时间匹配	1 211		0.015 6	1.04	0.000 2	1.60	553	0	0
模型预估	1 211		0.014 4	6.76	0.002 9	19.98	648	297	202

表3-6 中波通道不同定标系数对黑体图像的辐射标定结果(黑体温度:265 K)

定标系数	t/h	$L_b/[\text{W}\cdot(\text{m}^2\cdot\text{sr})^{-1}]$	$L_c/[\text{W}\cdot(\text{m}^2\cdot\text{sr})^{-1}]$	ε_r /%	$\sigma_a/[\text{W}\cdot(\text{m}^2\cdot\text{sr})^{-1}]$	σ_r /%	异常像元		
							N_{tot}	N_{fal}	N_{und}
历史	323	0.055 8	0.046 0	17.55	0.001 1	2.49	80	17	31
	545		0.047 8	14.33	0.001 9	3.94	82	16	28
	813		0.050 2	10.16	0.001 0	2.00	78	15	31
	1 128		0.054 3	2.83	0.002 0	3.70	109	28	13
时间匹配	1 211		0.054 4	2.53	0.000 3	0.55	94	0	0
模型预估	1 211		0.053 3	4.56	0.001 5	2.91	584	552	62

可以得出结论,相机在轨运行期间需要经常性地开展辐射定标试验,不断调整定标系数的大小。测量图像数据应当使用时间匹配的定标系数进行辐射标定以达到最佳效果。如果时间匹配的定标系数无法获得,并且相机响应衰减较为严重时,建议使用模型预估定标系数替代。历史定标系数的有效性取决于其在轨定标试验时间与测量图像获取时间之间的间隔,间隔越大,标定效果越差。

3.5 在轨辐射测量链路

对天基辐射测量过程的有效认知是在轨测量误差分析与精度提高的基础。天基辐射测量链路如图 3-13 所示。链路中,大气背景的表观辐射进入测量相机入瞳;相机的光学系统将入瞳辐射汇聚到焦平面上,并由焦面电路系统将辐射能量转换为灰度值输出;相机通过在轨定标试验对已知辐射源进行测量;地面根据在轨定标试验数据估计相机灰度与辐射亮度之间的转换关系,进行辐射定标处理,从而获取表观辐射值。

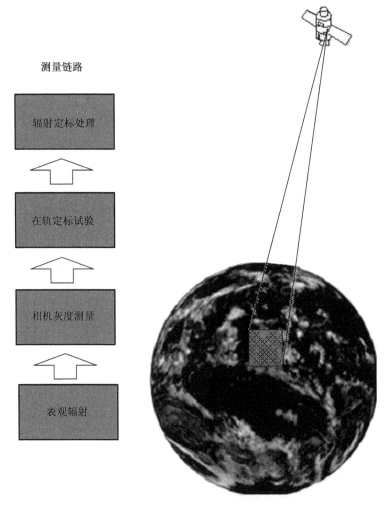

图 3-13 天基辐射测量链路

从图 3-13 中的天基测量链路和本书相机的处理与分析经验来看,最终的在轨辐射测量误差主要由三部分组成,分别为相机仪器误差、在轨定标试验误差和辐射定标处理误差,如图 3-14 所示。

图3-14 在轨辐射测量误差组成

3.5.1 相机仪器误差

相机仪器误差主要指相机系统的设计和工艺等因素产生的测量误差,按本书和其他同类载荷的经验,其产生原因主要包括相机系统外部杂散光、相机系统内部不确定性、相机测量时的随机噪声、相机的动态范围选择和相机响应漂移。相机仪器的误差组成如图3-15所示。

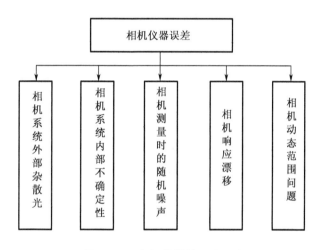

图3-15 相机仪器的误差组成

(1)相机系统外部杂散光

相机系统外部杂散光一般指由太阳、月亮等非测量对象的辐射导致的相机响应。对于这种误差,可以通过相机光学系统(如遮光罩)的设计和测量模式(时间和指向)的选择进行有效避免。

从本书相机的在轨表现来看,外部杂散光的影响可以忽略不计。但必须注意的是,在特定目标测量时,背景的辐射也属于外部杂散光。这种杂散光无法避免,当目标辐射亮度远远强于背景时,这部分误差可以忽略;当目标较弱时,这部分误差必须进行抑制。抑制的方法主要包括两种:一是选择合适的波段提高目标测量时的信杂比;二是在后续处理时估计并剔除背景的辐射值,从而减小测量误差,这两部分内容也是后续研究的重点。

（2）相机系统内部不确定性

相机组件的温度波动和多次反射会导致系统内部产生不确定的杂散辐射,这些组件包括反射镜、透镜组、滤光片、杜瓦窗片等。虽然一般在轨测量时都对这些组件加以控温回路以保证温度的稳定性,但杂散辐射的不确定性仍然存在,特别在控温要求较低的情况下尤为明显。本书载荷的地面试验中对这些误差进行了分析试验,在实验室条件下,这一部分误差并不明显。从在轨下传的遥测数据来看,各组件的控温基本稳定。另外,滤光片镀膜时的均匀性等工艺原因也可能产生测量误差,在处理时我们发现,滤光轮在同一谱段停止位置产生的偏差就可能引起同一对象的辐射测量值有略微差别。

降低这一误差的有效途径主要包含两部分:一是提高载荷内部的控温水平以及组件质量指标,二是通过数据筛选的方式剔除掉相机系统内部不稳定时测得的数据。

（3）相机测量时的随机噪声

相机随机噪声主要指光子噪声、暗电流噪声、处理电路噪声等这类无法监测的随机噪声的总和,一般也用噪声等效辐射亮度、噪声等效温度、噪声等效灰度、灵敏度等参数表示。以目前的相机工艺水平来看,这类原因产生的测量误差有限。从本书相机的处理结果来看,噪声等效灰度稳定在 10 以下,见图 3 – 9 中 NEDN 曲线。由于这类误差一般符合正态随机模型,通过后续数据的统计平均可以进行有效抑制。

（4）相机响应漂移

相机响应漂移是指在一定的时间范围内,相机对同样大小输入辐射的响应值发生漂移,一般可分为短期漂移和长期漂移。短期漂移主要由相机测量过程中的环境变化导致;长期漂移主要由相机性能下降或者相机内部污染导致,本书相机在轨时由于水汽污染,短波就发生了比较明显的衰减现象,如图 3 – 9（a）所示。

对于短期漂移产生的误差,比较好的解决办法是减少每一次测量工作的时间,以减少漂移量。由于漂移属于系统误差,也可以开展在轨定标试验进行定量描述。对于长期漂移,其属于缓变误差,可以通过定期在轨辐射定标试验进行修正。

（5）相机动态范围问题

测量对象的辐射亮度应当处于相机的有效动态范围内,在该有效范围内,相机的响应曲线可以用简单的线性或二次函数表示,并且误差较小。当相机的动态范围与测量对象的辐射能量不匹配时,将产生较大的测量误差。本书在对相机数据进行处理的过程中发现,低估了部分测量对象而高估了大气背景在短波的能量,导致部分感兴趣目标辐射不在相机设计的线性动态范围中,无法有效估计此时产生的测量误差。

降低这一误差的关键在于准确估计测量对象的辐射范围,通过对相机工艺和相机积分时间、增益等参数调整,选择合适的动态范围进行测量,确保测量对象的辐射能量能够被准确标定。从本书相机的结果来看,不同测量对象能量差距很大,可能需要分别选择合适动态范围的相机进行测量。测量弱目标时,适当增加相机的积分时间和增益,测量强目标时,适当减少相机的积分时间和增益。

3.5.2 在轨定标试验误差

在轨定标试验误差主要指在轨定标试验中引入的误差,按误差产生的原因可以分为由定标辐射源导致和由定标机制导致。在轨定标试验误差的组成如图3-16所示。

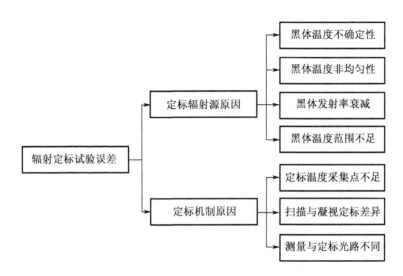

图3-16 在轨定标试验误差的组成

1. 定标辐射源原因

以黑体为例,定标辐射源原因主要包括黑体温度的不确定性、黑体温度的非均匀性、黑体发射率衰减和黑体温度的跨度范围不足。

(1)黑体温度的不确定

黑体温度的不确定主要指在轨定标试验时,黑体的温度围绕定标温度随时间变化发生波动,本书载荷定标试验结果表明,黑体温度越高时,温度波动越大,所造成的测量误差也越大。但是从观察到的结果来看,黑体温度波动基本符合正态分布,可以通过多帧统计平均的方式进行误差抑制。

(2)黑体温度的非均匀性

黑体温度的非均匀性主要指面源黑体在空间上的温度不一致性,这也将产生误差。降低此类原因产生误差的方式有两种:一是通过特殊的定标试验光学设计,本书卫星星上定标黑体位于光学系统的入瞳处,系统的孔径光阑(出瞳)为焦平面前的冷光阑,此时焦面上任一点接收的辐射能量是黑体面上各点贡献的和,因此能够保证定标辐射的均匀性;二是增加黑体上温度检测点个数,通过后续处理的方式修正焦面不同区域的测量误差。

(3)黑体发射率衰减

黑体发射率衰减主要是由长期的在轨工作引起,这将导致标定后的辐射测量值偏高。目前尚无有效的技术手段检测黑体的在轨发射率,但是可以采用恒星、月球、特殊场地(沙漠、湖水等)等外定标源配合定标试验方式,进行误差的修正。

(4)黑体温度范围不足

在轨辐射定标时,黑体定标温度点的设置应当覆盖测量对象的辐射范围,以达到最佳的定标效果。从本书相机的处理结果来看,高亮度测量对象辐射远远超出黑体能够提供的温度上限,而工程上不具备实现超高温黑体的携带。考虑到一般情况下,地面定标和在轨定标时相机的响应曲线形状并不会发生太大变化。因此,可在地面进行完整辐射范围的定标试验,确定响应曲线的函数形式,再利用在轨定标试验确定函数系数,以减小测量误差。

2. 定标机制原因

不同的定标机制也会影响到最终的测量误差,从本书卫星处理结果分析来看,产生的原因主要包括光路定标温度采集点不足、扫描与凝视定标差异以及定标与测量光路的不一致。

(1)定标温度采集点不足

测量相机在动态范围内一般拥有良好的线性响应性,因此在轨辐射定标试验时,一般只采集两个定标温度点。通过对地面定标试验数据的分析发现,如果采集温度点达到三个,采用二次模型而不是线性模型进行定标,可以将测量时的相对误差减小1%左右。因此,可以适当增加在轨定标试验时的黑体温度点采集个数。

(2)扫描与凝视定标差异

扫描与凝视相机之间的在轨定标试验差异也会产生测量误差。凝视相机由于视场较小,可以使用星上黑体进行绝对定标试验。而扫描相机由于视场较大,星上黑体很难充满线阵视场,因此一般只做星上相对定标试验,例如"风云三号"。乘性定标系数仍然使用地面的地标结果。但从本书相机短波的地面和在轨定标结果比较来看,星上和地面的乘性定标系数可能发生变化(图3-2),这将成为测量误差产生的潜在原因。因此,扫描相机同样需要通过光学设计或星外定标源进行在轨绝对定标。

(3)定标与测量光路的不一致

相机在轨定标试验的光路和实际测量时的光路一般不会完全一致,本书载荷通过二维摆镜转动的方式切换定标和测量状态。但由于光路的不同,将会引进额外的杂散光,从而影响最终的测量精度。最佳的解决方法是借助恒星、月球、特殊场地(沙漠和湖泊等)等已知稳定辐射源,开展在轨外定标试验。此时测量光路和定标光路一致,一方面可以减少测量误差,另一方面也可以帮助定量分析定标和测量光路不一致时产生的误差。

3.5.3　辐射定标处理误差

辐射定标处理误差主要指地面对定标试验进行处理时产生的误差,从本书相机的定标分析来看,主要包括不良数据和辐射定标模型引起的误差。

(1)不良定标数据的剔除

对于不良数据,详细的分析与剔除方法见3.3.2节,目前本书相机自动定标处理相对误差保持在2%左右。

（2）辐射定标模型的选择

辐射定标模型的选择也会影响测量误差,高次模型的测量误差要小于线性模型,但需要更多的在轨定标温度采样点。如果相机的响应线性度非常好,辐射定标模型差异产生的测量误差可以忽略不计。从本书相机的结果看,选择二次模型比较适宜,需要在轨定标试验时采集三个黑体温度点。

3.6　本章小结

本章对天基红外相机的辐射定标数据处理工作进行了系统研究;详细阐述了辐射定标原理、地面辐射定标试验与在轨辐射定标试验。在此基础上,围绕在轨数据处理过程出现的三个实际问题进行了深入研究,即如何去除无效定标数据;如何确定合适的在轨去污时间间隔;如何在缺乏时间匹配定标试验数据的情况下,减少测量数据的辐射定标误差。通过对相机在轨定标试验数据及响应衰减过程的细致分析,总结出三种典型无效定标数据的特征和筛除方法,建立起相机响应灰度与工作时间的关系模型,并提出了基于该模型的污染容限确定准则和定标系数估计方法;最后,根据红外相机在轨辐射测量链路对测量误差进行了深入分析。本章给出的模型与方法已经成功应用在了该型号卫星测量数据的处理中,并取得了良好效果。

第4章 红外相机测量图像观测几何信息解算技术

测量图像的观测几何信息获取是地面数据处理的重要内容,这些信息包括测量对象的位置信息、观测条件信息和光照条件信息等。不同于以精确定位为目的的测绘卫星或导航卫星,大气测量卫星的几何信息处理并不过多追求精度,而是希望能够获取对测量数据进行有效分类的不同几何维度标签,以便对海量数据进行有效组织,为后续研究大气辐射统计特征在各维度上的变化规律提供样本数据检索支撑。

根据天基红外测量相机观测模式与测量对象的差异,将测量图像数据分为地球背景、临边背景与空间背景。不同的数据类型关注的观测几何信息不同,故采用不同的处理方法。

4.1 地球背景测量图像观测几何信息解算

天基红外相机的测量图像数据以地球背景为主,大气和云的上行辐射是主要测量对象。从后期分析的角度来看,期望获取云的出现频率与大气辐射亮度随地理坐标的变化统计特征,以及云层在不同观测与光照条件下的散射模型。因此,在对这类数据进行处理时,应着重对图像进行地理定位与光照信息解算。

4.1.1 观测区域地理定位

1.定位坐标系统建模

观测区域地理定位的实质是计算相机像元视线与地球表面的交点位置信息,核心部分是将视线方向矢量由相机坐标系转换到地心固连坐标系,具体的转换过程如图 4-1 所示。

图中涉及的坐标系定义如下。

(1)图像坐标系 $OX_fY_fZ_f$

图像坐标系以焦平面角点为原点,焦平面作为 OY_fZ_f 面,Z_f 轴与焦平面长边重合,Y_f 轴与焦平面短边重合。如果用矩阵对图像进行描述,则 Z_f 轴沿行方向,Y_f 轴沿列方向。

(2)相机本体坐标系 $OX_cY_cZ_c$

图 4-2 给出了相机部分主要组件的安装布局以及图像坐标系与相机坐标系的关

系。相机本体坐标系以焦面中心为原点,以焦平面作为 OY_cZ_c 面,X_c 轴沿感光面的内法向量方向,Z_c 指向进光孔外侧。

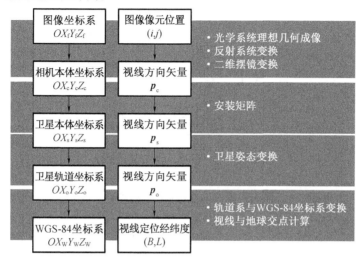

图 4-1 像元定位到地理经纬度变换

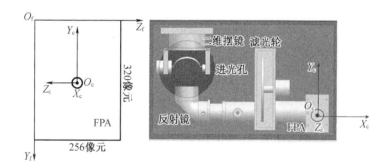

图 4-2 图像坐标系与相机坐标系

(3)卫星本体坐标系 $OX_sY_sZ_s$

卫星本体坐标系以卫星质心为原点,相机的安装面作为 OX_sY_s 平面,当卫星处于星下点观测模式时,X_s 轴指向卫星速度方向,Z_s 轴与 OX_sY_s 垂直,指向地面方向。天基遥感时,卫星坐标系与相机坐标系的原点位置误差可以忽略不计。当不考虑相机的安装矩阵或安装误差角很小时,可以认为相机本体系与卫星本体系重合。如图 4-3 所示为卫星本体坐标系。

(4)卫星轨道坐标系 $OX_oY_oZ_o$

卫星轨道坐标系如图 4-4 所示,原点为卫星质心,Z_o 轴指向星下点方向,Y_o 轴与轨道平面垂直,X_o 轴满足右手直角坐标系法则,与卫星的轨道切线速度方向重合。卫星的姿态控制角(俯仰、偏航和滚转)定义在卫星轨道坐标系下,表示卫星本体坐标系与卫星轨道坐标系之间的旋转关系。

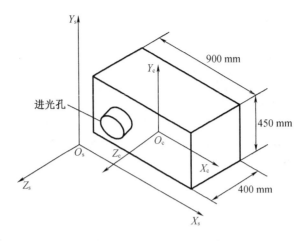

图 4 - 3　卫星本体坐标系

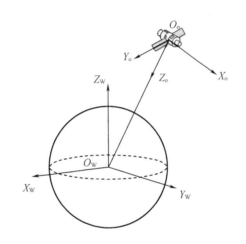

图 4 - 4　卫星轨道坐标系

（5）WGS - 84 协议地球固连坐标系 $OX_W Y_W Z_W$

WGS - 84 为 1984 年世界大地坐标系的简称。该坐标系原点为地球质心，Z_W 轴指向国际时间局（BIH）1984 年定义的协议地球极（CTP）方向；X_W 轴指向 BIH1984.0 零子午面和 CTP 赤道的交点；Y_W 轴与 X_W、Z_W 轴成右手系。WGS - 84 将地球视为椭球，椭球长半径 $R_a = 6\,378\,137$ m；地球自转角速度 $\omega = 7\,292\,115 \times 10^{-11}$ rad/s；地球椭球扁率 $f = 1/298.26$。在 WGS - 84 中，一般采用纬度、经度和大地高度对地表位置进行标识。

为了后面叙述的方便，利用旋转矩阵描述方向矢量在各坐标系之间的旋转变换：

$$\boldsymbol{R}_1(\alpha) = \begin{bmatrix} 1 & 0 & 0 \\ 0 & \cos\alpha & -\sin\alpha \\ 0 & \sin\alpha & \cos\alpha \end{bmatrix} \tag{4-1}$$

$$\boldsymbol{R}_2(\beta) = \begin{bmatrix} \cos\beta & 0 & \sin\beta \\ 0 & 1 & 0 \\ -\sin\beta & 0 & \cos\beta \end{bmatrix} \tag{4-2}$$

$$\boldsymbol{R}_3(\gamma) = \begin{bmatrix} \cos\gamma & -\sin\gamma & 0 \\ \sin\gamma & \cos\gamma & 0 \\ 0 & 0 & 1 \end{bmatrix} \tag{4-3}$$

式中 α、β、γ——欧拉角;

$\boldsymbol{R}_1(\alpha)$——左乘方向矢量,表示将该方向矢量绕原坐标系的 X 轴旋转 α,旋转方向为 X 轴指向观测者时的逆时针方向。

同理,$\boldsymbol{R}_2(\beta)$ 和 $\boldsymbol{R}_3(\gamma)$ 左乘方向矢量分别表示将该方向矢量绕原坐标系的 Y 轴和 Z 轴逆时针旋转 β 和 γ。

2. 像元视线变换建模

(1)相机坐标系像元视线方向建模

令 $P(i,j)$ 为焦平面上的第 i 行第 j 列的像元,根据图 4-2 中图像坐标系与相机坐标系之间的关系,该像元在相机系下的坐标为

$$\begin{bmatrix} y_c \\ z_c \end{bmatrix} = \begin{bmatrix} (i_0 - i) \cdot d_y \\ (j_0 - j) \cdot d_z \end{bmatrix} \tag{4-4}$$

式中 i_0、j_0——焦面中心在图像坐标中的索引位置,对于 320×256 的焦平面而言,$i_0 = 160.5$,$j_0 = 128.5$;

d_y、d_z——像元的尺寸大小。

根据理想光学系统成像关系,$P(i,j)$ 的视线指向像方主点 $\boldsymbol{F} = \begin{bmatrix} -f & 0 & 0 \end{bmatrix}^\mathrm{T}$,$f$ 为光学系统焦距。像元视线的单位方向矢量为

$$\boldsymbol{p}_{c1} = \frac{\overrightarrow{PF}}{|\overrightarrow{PF}|} = \frac{\overrightarrow{OF} - \overrightarrow{OP}}{|\overrightarrow{OF} - \overrightarrow{OP}|} \tag{4-5}$$

$\boldsymbol{p}_{c1}$ 经图 4-2 中的反射镜反射后变为

$$\boldsymbol{p}_{c2} = \boldsymbol{M}\boldsymbol{p}_{c1} \tag{4-6}$$

式中,$\boldsymbol{M}$ 为镜面反射矩阵。

$$\boldsymbol{M} = \boldsymbol{E} - 2\boldsymbol{N}_{cr}\boldsymbol{N}_{cr}^\mathrm{T} \tag{4-7}$$

式中 $\boldsymbol{N}_{cr}$——反射镜在相机系下的法向矢量;

$\boldsymbol{E}$——单位矩阵。

像元 P 视线方向如图 4-5 所示。

实际相机中 $\boldsymbol{N}_{cr} = \begin{bmatrix} \cos 45° & \sin 45° & 0 \end{bmatrix}^\mathrm{T}$。同样,二维摆镜在零位时外法线方向矢量为 $\boldsymbol{N}_{cg0} = \begin{bmatrix} 0 & -\cos 45° & \sin 45° \end{bmatrix}^\mathrm{T}$,此时,垂直进光孔的入射光正好反射进相机望远系统。实际工作中,二维摆镜可以通过外框绕 Y_c 轴旋转 α_out,通过内框绕 X_c 轴旋转 α_in,并且按照先内框后外框的旋转控制顺序,如图 4-6 所示,法矢量变为

$$\boldsymbol{N}_{cg} = \boldsymbol{R}_2(\alpha_\mathrm{out})\boldsymbol{R}_1(\alpha_\mathrm{in})\boldsymbol{N}_{cg0} \tag{4-8}$$

像元视线经二维摆镜反射后在相机坐标系下的最终方向矢量为

$$\boldsymbol{p}_c = (\boldsymbol{E} - 2\boldsymbol{N}_{cg}\boldsymbol{N}_{cg}^\mathrm{T})\boldsymbol{p}_{c2} \tag{4-9}$$

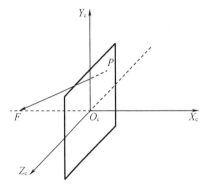

图 4-5　像元 P 视线方向

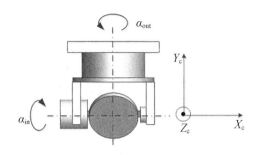

图 4-6　二维摆镜旋转示意

（2）卫星轨道坐标系像元视线方向变换建模

方向矢量从相机本体坐标系变换到轨道坐标系需要考虑相机的安装矩阵与卫星的姿态角。安装矩阵主要指卫星本体坐标系与相机本体坐标系主轴间的角度误差，二者在原点位置的误差和卫星轨道高度相比可以忽略不计。当转序为 321 时，相机本体坐标系和卫星本体坐标系之间由安装误差产生的欧拉角为 α_{cs}、β_{cs} 和 γ_{cs}，则安装矩阵为

$$\boldsymbol{R}_{\text{assemble}} = \boldsymbol{R}_1(-\gamma_{cs})\boldsymbol{R}_2(-\beta_{cs})\boldsymbol{R}_3(-\alpha_{cs}) \tag{4-10}$$

卫星本体坐标系与卫星轨道坐标系之间的变换关系由姿态旋转矩阵决定，卫星实际下传的姿态角转序为 231，则姿态旋转矩阵为

$$\boldsymbol{R}_{\text{attitude}} = \boldsymbol{R}_1(-\theta_R)\boldsymbol{R}_3(-\theta_Y)\boldsymbol{R}_2(-\theta_P) \tag{4-11}$$

式中，θ_P、θ_Y、θ_R 分别为卫星的俯仰角、偏航角和滚转角。

像元视线 $\boldsymbol{p}_c$ 变换至卫星轨道坐标系的关系式为

$$\boldsymbol{p}_o = \boldsymbol{R}_{\text{attitude}}\boldsymbol{R}_{\text{assemble}}\boldsymbol{p}_c \tag{4-12}$$

（3）WGS-84 坐标系像元视线方向变换建模

从卫星的 GPS 遥测数据中可以获取卫星在 WGS-84 坐标系下的位置矢量 $\boldsymbol{w}_p$ 和速度矢量 $\boldsymbol{w}_v$，则卫星轨道坐标系 Z_o 轴在 WGS-84 坐标系下的单位方向矢量为

$$\boldsymbol{c}_e = \frac{-\boldsymbol{w}_p}{|\boldsymbol{w}_p|} \tag{4-13}$$

Y_o 轴与 X_o 轴在 WGS-84 坐标系下的单位方向矢量可以表示为

$$\boldsymbol{y}_e = \frac{\boldsymbol{w}_v \times \boldsymbol{w}_p}{|\boldsymbol{w}_v \times \boldsymbol{w}_p|} \tag{4-14}$$

$$\boldsymbol{v}_e = \boldsymbol{y}_e \times \boldsymbol{c}_e \tag{4-15}$$

因此，方向矢量由卫星轨道坐标系到 WGS-84 坐标系下的旋转矩阵为

$$\boldsymbol{R}_{ow} = \begin{bmatrix} \boldsymbol{v}_e^{\text{T}} \\ \boldsymbol{y}_e^{\text{T}} \\ \boldsymbol{c}_e^{\text{T}} \end{bmatrix} \tag{4-16}$$

WGS-84 坐标系下的像元视线单位方向矢量即为

$$\boldsymbol{p}_w = \boldsymbol{R}_{ow}^{-1}\boldsymbol{p}_o \tag{4-17}$$

3. 像元地理定位建模

当已知 WGS - 84 坐标系下的像元视线方向矢量及卫星位置时,可以通过并不复杂的几何关系,对视线与地表的交点进行定位。根据卫星的位置矢量 $\boldsymbol{w}_p = \begin{bmatrix} x_w & y_w & z_w \end{bmatrix}^T$ 和像元视线单位方向矢量 $\boldsymbol{p}_w = \begin{bmatrix} m_p & n_p & l_p \end{bmatrix}^T$ 可以建立视线在 WGS - 84 坐标系下的直线参数方程

$$\begin{cases} x = m_p t + x_w \\ y = n_p t + y_w \\ z = l_p t + z_w \end{cases} \qquad (4-18)$$

WGS - 84 坐标系下地球参考椭球方程为

$$\frac{x^2}{R_a^2} + \frac{y^2}{R_a^2} + \frac{z^2}{R_b^2} = 1 \qquad (4-19)$$

式中,R_a、R_b 分别为椭球的长半径和短半径。

如果视线与地球表面有交点,联立式(4-18)与式(4-19),可求出交点处的参数值 t。当 t 有双根时,表示直线与地球有两个交点,绝对值较小的 t_p 值为像元对应的地表 WGS - 84 直角坐标系位置:

$$\begin{bmatrix} x_p \\ y_p \\ z_p \end{bmatrix} = \begin{bmatrix} m_p t_p + x_w \\ n_p t_p + y_w \\ l_p t_p + z_w \end{bmatrix} \qquad (4-20)$$

空间直角坐标与地理坐标的映射关系为

$$\begin{cases} x_p = (N+H)\cos B\cos L \\ y_p = (N+H)\cos B\sin L \\ z_p = \left[N(1-e^2) + H \right]\sin B \end{cases} \qquad (4-21)$$

式中 B、L、H——大地纬度、经度和高度;

e——椭球第一偏心率,$e = \dfrac{(R_a^2 - R_b^2)}{R_a^2}$;

N——卯酉圈曲率半径,$N = \dfrac{R_a}{\sqrt{1 - e^2\sin^2 B}}$。

通过式(4-21)即可解算出像元观测区域的地理位置。

当已知观测点经纬度信息后,可以根据美国地质勘探局(USGS)提供的全球地表覆盖分布数据库及"风云二号"卫星或 MODIS 提供的云层分类信息,对观测区域的下垫面类型和云层类型进行标识,以支撑后续更精细的大气测量数据库建立。

4. 计算结果验证与应用

为了验证本文地理定位算法在实际应用中的准确性,将某次测量任务的卫星遥测姿轨数据序列导入 STK,比较 STK 与相机地面几何处理系统对视线中心的定位结果。STK 是航天领域内国际上最先进的任务规划与仿真软件之一,计算精度有所保证。图 4 - 7 为二者定位经度和纬度的差值曲线,可以看出,二者的地理定位结果几乎完全一致,经纬度相差绝对值均小于 10^{-6}(°)。基于本书模型的相机地面几何处理系统完全能够胜任测

量相机图像数据的地理定位工作。

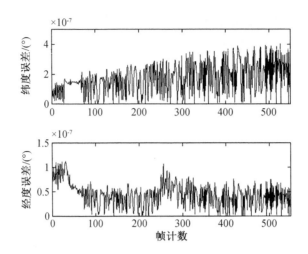

图 4 - 7　某次测量任务 STK 与相机地面几何处理系统的地理定位差

图 4 - 8 为水陆交界图像的地理定位,其中图 4 - 8(c)为红外测量相机拍摄到的一幅中波水陆交界图片,由于 4.3 μm 波带的强吸收性,相机接收到的地表辐射信息非常微弱,并且受到相机噪声的严重干扰,但是仍然可以从图中清楚地分辨水陆分界。在对图像进行观测几何解算后,将成像区域定位到如图 4 - 8(a)所示的利比亚北部地中海沿岸。图 4 - 8(b)给出了定位区域的谷歌地球影像,水陆边界轮廓与实际图像完全符合。值得注意的是,由于中波对温度信息敏感,而成像的当地时间为冬季早晨,陆地温度要低于海洋温度,因此图像中海面的辐射亮度要高于陆地。

利用关联地理信息后的测量图像数据可以对大气辐射亮度的分布进行研究。图4 -9给出了 2013 年 12 月 7 日测量任务的中波辐射亮度均值随纬度变化曲线,观测区域沿升轨穿过澳大利亚,测量纬度范围为南纬 40°到赤道。可以看出,大气的辐射亮度在南纬 25°附近出现极大值,并向两极方向递减。这一现象出现的主要原因为 12 月份太阳直射南回归线附近,导致南纬 23.5°附近大气温度最高,而中波对中高层大气温度最为敏感,温度越高,探测器接收到的辐射能量越多。同样,结合地理信息,也可以对相机的观测覆盖性进行研究。图 4 - 10 给出了 3 个月内相机观测区域的覆盖性情况,可以加强对尚未覆盖区域的测量。

如果对测量图像中的所有像元逐一进行地理定位,即可获得图像在经纬度地图上的精确投影,并将其应用于测量图像的拼接工作。图 4 - 11 为某星下点测量任务中,相机在阿拉弗拉海区域拍摄到的 7 帧中波辐射亮度图像在二维经纬度地图上的投影拼接图,图像长轴沿穿轨方向,投影过程直接使用了各像元的地理定位信息。从拼接效果来看,即使不进一步使用图像配准与图像融合算法,也能满足一般应用需求。

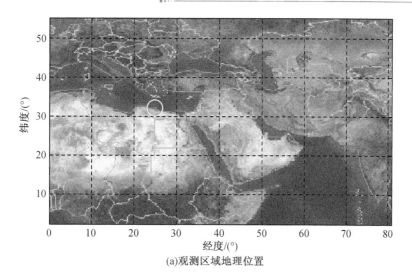

(a)观测区域地理位置

(b)定位区域的谷歌地球影像

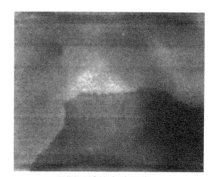

(c)观测区域的中波图像

图4-8 水陆交界图像的地理定位

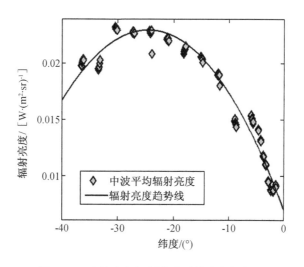

图4-9 中波大气辐射亮度随纬度变化曲线

57

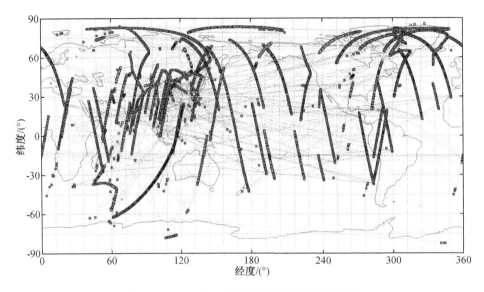

图 4 – 10　3 个月内相机观测区域的覆盖性情况

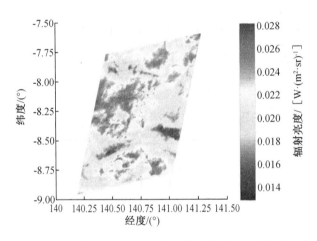

图 4 – 11　7 帧中波图像在二维经纬度地图上的投影拼接图

4.1.2　观测区域光照条件解算

1. 光照条件参数定义

不同的观测条件和光照条件会导致大气传输路径及云层散射角度发生变化,从而导致图像辐射亮度产生差异。在进行云层散射特性研究时,更加关注观测方向与太阳入射方向在测量对象当地点局域坐标系下的相对关系。因此,在众多的光照条件参数中,这里选择局域坐标系下的观测天顶角 θ_o、观测方位角 φ_o、太阳天顶角 θ_s、太阳方位角 φ_s、散射角 Θ,以及观测方向与太阳镜向反射方向角度差 ψ_m(后文简称镜反角度差)作为重点解算对象。

观测对象当地点局域坐标系 $O_1X_1Y_1Z_1$ 的定义如图 4 – 12 所示,以相机主视线与地表的交点为原点,Y_1 轴沿地心指向 O_1 点方向,X_1 轴沿过 O_1 点的经线切线指向北极,Z_1 轴沿

过 O_1 点的纬线切线指向东面。在 $O_1X_1Y_1Z_1$ 坐标系下,各光照参数的定义如图 4－13 所示:相机主视线负方向和太阳入射负方向与 Y_1 轴的夹角分别定义为观测天顶角 θ_o 和太阳天顶角 θ_s,θ_s 实际上是太阳高度角 α_s 的余角,$\theta_s > 90°$ 时为夜晚;它们在水平面 $O_1X_1Z_1$ 上的投影与 $-X_1$ 轴夹角为观测方位角 φ_o 和太阳方位角 φ_s,逆 Y_1 轴方向顺时针为正,天顶角的取值范围为 $0° \sim 180°$,方位角为 $-180° \sim 180°$;相机主视线负方向与太阳入射方向的夹角为散射角 Θ,与太阳镜向反射方向的夹角为 ψ_m,取值范围均为 $0° \sim 180°$。

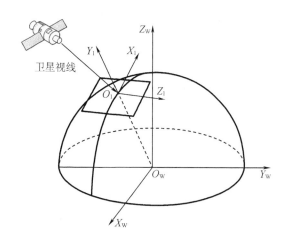

图 4－12　当地点局域坐标系

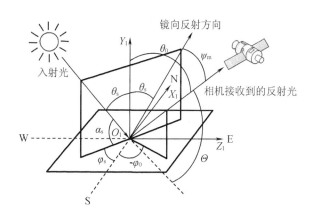

图 4－13　光照条件参数示意

2. 光照条件参数计算方法

(1)观测天顶角和方位角计算

观测天顶角和方位角为当地局域坐标系下定义的角度参数,因此需要将视线方向由 WGS－84 坐标系变换到局域坐标系

$$\boldsymbol{p}_1 = \boldsymbol{R}_{wl}\boldsymbol{p}_w \tag{4－22}$$

式中　$\boldsymbol{p}_1$——局域坐标系下的视线单位方向矢量;

$\boldsymbol{R}_{wl}$——相应旋转矩阵,即

$$\boldsymbol{R}_{\text{wl}} = \boldsymbol{R}_2(-90°)\boldsymbol{R}_1(B)\boldsymbol{R}_3(L-90°) \tag{4-23}$$

式中,B、L 为观测区域的地理纬度和经度。

观测天顶角为 $-\boldsymbol{p}_1$ 与当地局域坐标系 Y_1 轴方向矢量 $\boldsymbol{n}_{Y_1} = \begin{bmatrix} 0 & 1 & 0 \end{bmatrix}^{\text{T}}$ 的夹角:

$$\theta_\text{o} = \arccos(\boldsymbol{p}_1 \cdot \boldsymbol{n}_{Y_1}) \tag{4-24}$$

观测方位角可以通过 $\boldsymbol{p}_1$ 在当地水平面 $O_1X_1Z_1$ 上的投影获得,注意需要根据投影的象限位置将方位角 φ_o 换算到 $-180° \sim 180°$。

（2）太阳天顶角和方位角计算

在计算太阳照射角度时,并没有采用将太阳入射方向从天球坐标系转换到当地点坐标系的复杂方式,而是直接利用观测区域的地方平时和地理坐标进行计算。测量图像下传时将附带其拍摄时的世界协调时（UTC）信息,结合 4.1.1 节定位出的拍摄地点经纬度信息,可以根据时差计算出拍摄区域的当地点真太阳时 t_T,t_T 与太阳时角 ω_s 的换算关系为

$$\omega_\text{s} = t_\text{T} \times 15 - 180 \tag{4-25}$$

式中,t_T 的单位为 h,ω_s 的单位为（°）,1 h = 15°ω_s。

太阳天顶角和方位角可以直接表达为

$$\theta_\text{s} = 90° - \arcsin(\sin B \sin \delta_\text{s} + \cos B \sin \delta_\text{s} \cos \omega_\text{s}) \tag{4-26}$$

$$\varphi_\text{s} = \begin{cases} 0 & \sin \theta_\text{s} = 0 \\ \arcsin C & D \geqslant 0 \\ 180° - \arcsin C & D < 0 \end{cases} \tag{4-27}$$

$$C = \frac{\cos \delta_\text{s} \sin \omega_\text{s}}{\sin \theta_\text{s}}$$

$$D = \frac{\cos \delta_\text{s} \sin B - \sin \delta_\text{s}}{\sin \theta_\text{s} \cos B} \tag{4-28}$$

式中,δ_s 为太阳视赤纬度,可以通过下式计算:

$$\delta_\text{s} = 0.372\,3 + 23.256\,7\sin\theta + 0.114\,9\sin(2\varphi) - 0.171\,2\sin(3\varphi) -$$
$$0.758\cos\varphi + 0.365\,6\cos(2\varphi) + 0.020\,1\cos(3\varphi) \tag{4-29}$$

其中,φ 为日角,为当地拍摄日期的固定函数。

（3）散射角和镜反角度差计算

由太阳天顶角和太阳光照角可以反推出太阳在当地局域坐标系下的单位方向矢量:

$$\boldsymbol{s}_1 = \begin{bmatrix} -\sin\theta_\text{s}\cos\delta_\text{s} & \cos\theta_\text{s} & -\sin\theta_\text{s}\sin\delta_\text{s} \end{bmatrix}^{\text{T}} \tag{4-30}$$

散射角为 $-\boldsymbol{s}_1$ 与 $-\boldsymbol{p}_1$ 之间的夹角:

$$\boldsymbol{\Theta} = \arccos[(-\boldsymbol{p}_1) \cdot (-\boldsymbol{s}_1)] \tag{4-31}$$

太阳镜向反射单位方向矢量 $\boldsymbol{s}_\text{r}$ 为太阳单位方向矢量绕 Y_1 轴旋转 180°:

$$\boldsymbol{s}_\text{r} = \boldsymbol{R}_2(180°)\boldsymbol{s}_1 \tag{4-32}$$

镜反角度差即为

$$\psi_\text{m} = \arccos(-\boldsymbol{p}_1 \cdot \boldsymbol{s}_\text{r}) \tag{4-33}$$

3. 计算结果验证与应用

图 4-14 为 STK 和基于本书模型的几何处理系统对测量相机某次固定区域凝视任

60

务的观测与光照参数解算结果对比,总体而言,二者观测角的计算结果相差在0.4°以内,而光照角相差相对较大,但仍保持在1°以内,可知测量相机地面几何处理系统对光照条件参数解算结果的正确性可以保证。

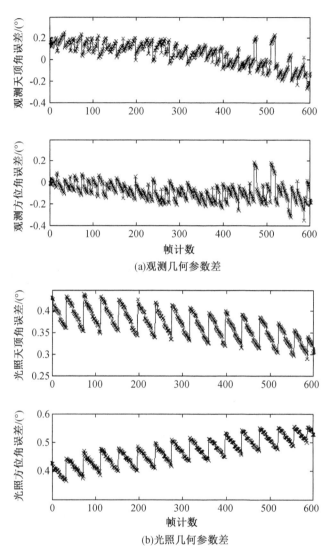

图4-14　某次测量任务 STK 与相机地面几何处理系统的观测与光照参数角解算差异

　　水体或水平取向粒子组成的冰云在太阳镜向反射方向附近具有反射尖峰,镜反角度差 ψ_m 主要针对这一类现象的研究,它表征视线与镜反方向的偏离程度,ψ_m 越小则相机观测位置越接近镜反方向。图4-15为2014年1月对太原市西侧黄河流域的固定区域短波观测图像。由于处于冰封期,冰水体的镜反现象非常明显,当 $\psi_m = 1.17°$ 时,黄河和汾河水库的反射辐射亮度要比 $\psi_m = 6.25°$ 时高1个量级以上,几乎达到了相机的短波探测上限。这也从另一方面说明结冰水体的镜向反射尖峰很窄,略微的观测偏移就将导致反射能量的急剧下降。遗憾的是,现有的图像数据中尚未发现明显的卷云水平冰晶粒子镜向散射现象,否则即可通过分析反射亮斑半径和辐射亮度随镜反角度差的变化关系,反演卷云中水平粒子的尺寸及倾斜角度分布情况。

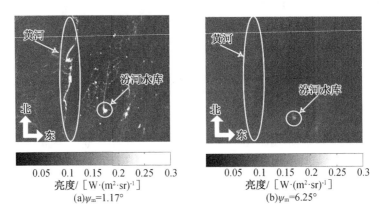

$$(a)\psi_m=1.17° \qquad (b)\psi_m=6.25°$$

图 4 – 15　不同镜反角度差下的水体短波观测图像

4.2　临边测量图像观测几何信息解算

4.2.1　临边观测几何

临边观测是反演地球大气廓线信息的重要测量方式[146],测量时相机视线指向地球水平线并穿过大气进入深冷空间。图 4 – 16 给出了卫星临边观测时的几何关系,视线与地球外包球的切点为 H_t,切线高度 h_t 定义为 H_t 距地表的高度,R_e 为地球平均半径。本文涉及的天基红外测量相机主要关注临边大气辐射亮度随视线切线高度的变化情况,考虑到实际应用需求和后续图像处理的方便,将像元视线切线高度 h_t 以及水平线像方投影与相机本体坐标系 Z_c 轴夹角 θ_h 作为临边几何解算的主要内容。

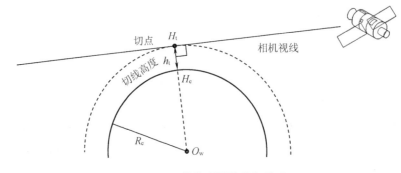

图 4 – 16　临边观测的几何关系

1. 切线高度计算

临边红外成像时,通过获得大气辐射亮度与切线高度的变化关系,可反演出大气在高度方向上的物理特性。例如,4.3 μm波段成像时,大气的辐射亮度主要源自其自身辐射,从辐射亮度随切线高度的变化曲线中可以反演出大气的温度廓线。

4.1.1节中给出了 WGS-84 坐标系下像元视线单位方向矢量 $\boldsymbol{p}_w = \begin{bmatrix} m_p & n_p & l_p \end{bmatrix}^T$ 的计算方法。过地球质心并且与视线方向垂直的平面方程可以表达为

$$m_p x + n_p y + l_p z = 0 \tag{4-34}$$

结合式(4-18)中的视线直线方程,可以算出视线与该垂面的交点位置,即为切点

$$\begin{cases} x_t = x_w - m_p(m_p x_w + n_p y_w + l_p z_w) \\ y_t = y_w - n_p(m_p x_w + n_p y_w + l_p z_w) \\ z_t = z_w - l_p(m_p x_w + n_p y_w + l_p z_w) \end{cases} \tag{4-35}$$

式中,$\begin{bmatrix} x_t & y_t & z_t \end{bmatrix}^T$、$\begin{bmatrix} x_w & y_w & z_w \end{bmatrix}^T$ 为视线切点与卫星在 WGS-84 坐标系下的位置矢量。

切线高度即为切点到地球质心的距离与地球平均半径之差

$$h_t = \sqrt{x_t^2 + y_t^2 + z_t^2} - R_e \tag{4-36}$$

式中,R_e 为地球平均半径,$R_e = (R_a^2 R_b)^{1/3} \approx 6\ 371\ 004\ m$。

实际的几何处理系统中还将 $\begin{bmatrix} x_t & y_t & z_t \end{bmatrix}^T$ 转换到了地理坐标系下,并根据4.1.2节中的方法计算了基于切点局域坐标系的太阳光照条件参数,以研究太阳光照对临边辐射的影响,这里不再赘述。

2. 水平线与图像轴夹角计算

小视场临边图像中,切线高度方向与水平线方向垂直。从图像处理的角度出发,期望图像中的水平线与图像行或列方向平行,将辐射亮度在切线高度上的处理分析直接转换为在图像矩阵行或列方向上的运算操作。例如,当水平线与图像列方向平行时,图像数据在行方向上的变化即为临边辐射亮度随切线高度的变化。如图4-17所示为临边图像的旋转处理,当图像中水平线投影与图像轴不平行时,可以计算出其与相机本体坐标系 Z_c 轴的夹角 θ_h,通过图像矩阵的旋转处理,使水平线投影与图像列方向平行。在 WGS-84 坐标系下,水平线为像元视线矢量 $\boldsymbol{p}_w$ 与切点位置矢量 $\boldsymbol{t}_w$ 所在平面的法线,因此水平线方向矢量 $\boldsymbol{h}_w$ 定义为

$$\boldsymbol{h}_w = \boldsymbol{t}_w \times \boldsymbol{p}_w \tag{4-37}$$

根据4.1.1节中给出的矢量由相机本体坐标系转换至 WGS-84 坐标系的逆过程,可以将获得相机本体坐标系下的水平线方向矢量 $\boldsymbol{h}_c$,$\boldsymbol{h}_c$ 在 $Y_c O Z_c$ 平面(焦面)上的投影为

$$\boldsymbol{h}_f = \begin{bmatrix} 0 & 0 & 0 \\ 0 & 1 & 0 \\ 0 & 0 & 1 \end{bmatrix} \boldsymbol{h}_c \tag{4-38}$$

θ_h 可以通过 $\boldsymbol{h}_f$ 与 Z_c 方向的夹角公式计算得出。实际进行图像旋转时需要注意,为了保证旋转后图像矩阵的行方向与切线高度梯度递减方向一致,当 $\boldsymbol{h}_f$ 的 Y_c 分量为正时,

以逆 X_c 轴观测方向为基准,将图像矩阵绕 X_c 轴顺时针旋转 θ_h;反之将图像矩阵逆时针旋转 θ_h。

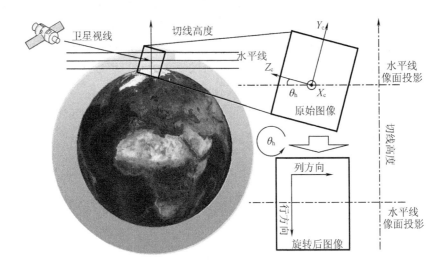

图 4 - 17 临边图像的旋转处理

4.2.2 计算结果验证与应用

图 4 - 18 为某次临边测量任务 STK 和本书几何处理系统对视线切线高度的计算值之差,二者误差处于 10^{-2} km 量级。本文几何处理系统在切线高度方面的计算精度可以保证。

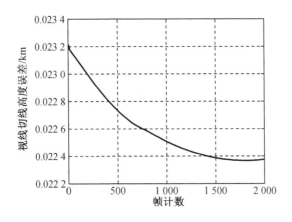

图 4 - 18 某次临边测量任务 STK 与相机地面几何处理系统的切线高度解算结果差异

图 4 - 19 给出了旋转调整前与调整后的中波地球临边图像,调整后的图像中水平线与数据矩阵列方向平行,切线高度沿行方向递减,只需要在列方向上求取平均,即可获得临边大气的辐射亮度与切线高度的变化关系。图 4 - 20 为 2013 年 12 月某次临边测量试

验中统计出的大气平均辐射亮度随切线高度的变化情况,观测切点为北纬37°附近。图中同时画出了美国空军地球物理实验室提供的中纬度地区冬季大气温度廓线。可以看出,中波临边辐射在切线高度40～50 km出现极大值,而中纬度冬季大气在40～50 km高度到达热层顶端,温度出现局部的极大值,二者在30～80 km范围内的中高层大气区域内变化趋势非常相近,符合中波探测的物理机制。另一方面,在非太阳直射的情况下,短波临边辐射能量主要源自大气对太阳的散射,随着切线高度的增高,大气越发稀薄,散射能力逐渐降低,导致平均辐射亮度随切线高度递减。

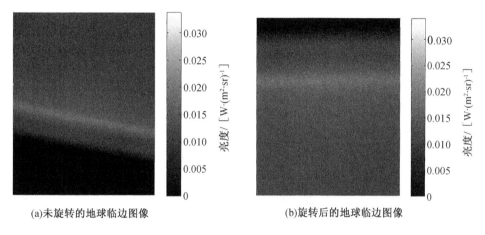

(a)未旋转的地球临边图像   (b)旋转后的地球临边图像

图4-19 中波地球临边图像的旋转处理

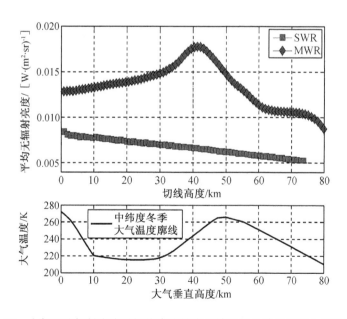

图4-20 大气平均辐射亮度随切线高度的变化情况及中纬度冬季大气温度廓线

4.3 空间背景测量图像观测几何信息解算

当红外测量相机处于恒星观测模式时,将获取以星空背景为主的图像数据。此时,需要定位图像各像元的赤经与赤纬信息,以便与星表数据进行对照,确认图像中的可辨别恒星。

4.3.1 视线赤经和赤纬定位坐标系统建模

赤经与赤纬的计算需要将像元视线的主光线方向变换到地心惯性坐标系下。第4.1.1 节中已经给出了像元视线矢量在地心固连坐标系 WGS – 84 下的计算方法,只需要将其转换到 J2000. 0 坐标系下,即可求得该像元对应的赤经和赤纬。

图 4 – 21 给出了方向矢量 $\boldsymbol{H}$ 在 J2000. 0 坐标系与 WGS – 84 坐标系之间的变换关系,具体如下:

$$\boldsymbol{H}_{\mathrm{I}} = \boldsymbol{D}^{-1}\boldsymbol{C}^{-1}\boldsymbol{B}^{-1}\boldsymbol{A}^{-1}\boldsymbol{H}_{\mathrm{W}} \qquad (4-39)$$

$$\boldsymbol{H}_{\mathrm{W}} = \boldsymbol{A}\boldsymbol{B}\boldsymbol{C}\boldsymbol{D}\boldsymbol{H}_{\mathrm{I}} \qquad (4-40)$$

式中 $\boldsymbol{H}_{\mathrm{I}}$、$\boldsymbol{H}_{\mathrm{W}}$——$\boldsymbol{H}$ 在 J2000. 0 坐标系下和在 WGS – 84 坐标系下的表示;

$\boldsymbol{A}$、$\boldsymbol{B}$、$\boldsymbol{C}$ 和 $\boldsymbol{D}$——极移矩阵、地球自转矩阵、章动矩阵和岁差矩阵。

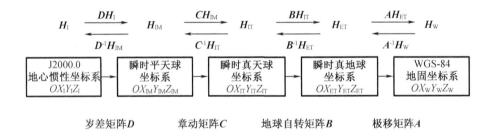

图 4 – 21 WGS – 84 坐标系与 J2000. 0 坐标系的变换关系

图中涉及的坐标系定义如下。

(1)J2000. 0 地心惯性系 $OX_{\mathrm{I}}Y_{\mathrm{I}}Z_{\mathrm{I}}$

J2000. 0 坐标系是地心惯性系的一种,也称为协议天球坐标系。原点为地球质心,X_{I} 轴指向标准历元 2000 年 1 月 1 日 12 时(J2000. 0)的平春分点,Z_{I} 轴指向 J2000. 0 平赤道面北极,Y_{I} 轴符合右手直角坐标系法则。赤经和赤纬为方向矢量在地心惯性系下的球坐标表达方式。

(2)瞬时平天球坐标系 $OX_{\mathrm{IM}}Y_{\mathrm{IM}}Z_{\mathrm{IM}}$

在某瞬时 t,以地球质心为原点,Z_{IM} 轴指向瞬时平天极,X_{IM} 轴指向瞬时平春分点,Y_{IM}

轴符合右手直角坐标系法则。

(3)瞬时真天球坐标系 $OX_{IT}Y_{IT}Z_{IT}$

在某瞬时 t,以地球质心为原点,Z_{IT} 轴指向瞬时真天极,X_{IT} 轴指向瞬时真春分点,Y_{IT} 轴符合右手直角坐标系法则。

(4)瞬时真地球坐标系 $OX_{ET}Y_{ET}Z_{ET}$

在某瞬时 t,以地球质心为原点,Z_{ET} 轴指向瞬时真地极,X_{ET} 轴指向国际时间局定义的零子午面与协议赤道面交点(E_{CTP}),Y_{ET} 轴符合右手直角坐标系法则。协议赤道(平赤道)以 1900 年至 1905 年地球自转轴瞬时位置的平均值作为地球的平(北)极位置,该自转轴平极位置所对应的赤道面为协议赤道面。

1. 岁差矩阵

地球在太阳、月球和行星的引力作用下,地球的自转轴在空间不断发生变化,其长期运动称为岁差。协议天球坐标系和瞬时平天球坐标系的差异受当前历元时间与 J2000.0 之间的岁差影响。

日本天文学家福岛登纪夫提出了一种物理意义非常明确的四次旋转变换法[147],被国际天文学联合会(IAU)岁差模型所采用,该模型为

$$D = R_3(\chi_A)R_1(-\omega_A)R_3(-\psi_A)R_1(\varepsilon_0) \tag{4-41}$$

式中,χ_A、ω_A、ψ_A 和 ε_0 分别为四次旋转变换的赤道岁差角。

IAU 一直致力于这四个角参数表达式的修正工作,本书的处理系统采用 Capitaine 等人于 2003 年提出的岁差参数表达式[148],即

$$\psi_A = 5\,038.481\,507''T_0 - 1.079\,006\,9''T_0^2 - 0.001\,140\,45''T_0^3 + 0.000\,132\,851''T_0^4 - $$
$$0.000\,000\,095\,1''T_0^5$$

$$\omega_A = \varepsilon_0 - 0.025\,754''T_0 + 0.051\,262\,3''T_0^2 - 0.007\,725\,03''T_0^3 - 0.000\,000\,467''T_0^4 + $$
$$0.000\,000\,333\,7''T_0^5$$

$$\chi_A = 10.556\,403''T_0 - 2.381\,429\,2''T_0^2 - 0.001\,211\,97''T_0^3 + 0.000\,170\,663''T_0^4 - $$
$$0.000\,000\,056\,0''T_0^5 \tag{4-42}$$

式中　ε_0——历元黄赤交角,$\varepsilon_0 = 84\,381.406''$;

T_0——自 J2000.0 起算至儒略日 t_{JD} 之间的儒略世纪数:

$$T_0 = \frac{t_{JD} - 2\,451\,545.0}{36\,525.0} \tag{4-43}$$

2. 章动矩阵

章动是指外力作用下,地球自转轴在空间运动的短周期摆动部分,即同一瞬间真天极相对平天极的运动。月球对地球引力的变化是形成章动现象的主要外力作用,其次是太阳,其他行星也会对章动量产生一定的影响。

章动矩阵的表达式可以写为

$$C = R_1[-(\varepsilon_A + \Delta\varepsilon)]R_3(-\Delta\psi)R_1(\varepsilon_A) \tag{4-44}$$

式中　ε_A——瞬时平黄赤交角,有

$$\varepsilon_A = \varepsilon_0 - 2.381\,429\,2''T_0^2 - 0.001\,211\,97''T_0^3 \tag{4-45}$$

其中 ε_0、T_0——历元黄赤交角与瞬时儒略日；

$\varepsilon_A + \Delta\varepsilon$——真黄赤交角；

$\Delta\psi$、$\Delta\varepsilon$——黄经和黄赤交角上的章动量。

在 IAU 模型中，使用拟合出的章动系数对黄经章动 $\Delta\psi$ 和交角章动 $\Delta\varepsilon$ 进行描述，IAU2000 中有

$$\begin{cases} \Delta\psi = \displaystyle\sum_{i=1}^{N} (a_i + b_i T_0)\cos\vartheta_i + (c_i + d_i T_0)\sin\vartheta_i \\ \Delta\varepsilon = \displaystyle\sum_{i=1}^{N} (A_i + B_i T_0)\cos\vartheta_i + (C_i + D_i T_0)\sin\vartheta_i \\ \vartheta_i = \displaystyle\sum_{j=1}^{14} e_{ij} F_j \end{cases} \quad (4-46)$$

式中 N——章动模型总项数；

$a_i \sim d_i$、$A_i \sim D_i$ 和 e_{ij}——章动系数，可以直接查表获得；

F_j——月亮、地球以及其他行星的 Delaunay 参量，具体表达式可以参考国际地球自转服务局（IERS）提供的技术手册[149]。

IAU2000A 模型中，章动总项数为 1 365，共包含 678 个日月项和 687 个行星项。实际使用中，为了加快计算速度，只截取了前 323 个日月项和前 165 个行星项。

3. 地球自转矩阵

瞬时天球坐标系与瞬时地球坐标系的 Z 轴均为地球的自转轴，故两者指向相同；但瞬时天球坐标系 X_{IT} 轴指向真春分点，瞬时地球坐标系 X_{ET} 轴指向瞬时极与 E_{CTP} 构成的子午线与真赤道的交点，X_{IT} 轴与 X_{ET} 轴的夹角为格林尼治真恒星时 θ_G。地球自转矩阵的表达形式可以写为

$$B = R_3(\theta_G) \quad (4-47)$$

θ_G 的计算方式为[150]

$$\theta_G = 67\ 310^s.548\ 41 + (8\ 640\ 184^s.812\ 866 + 876\ 600^s \times 3\ 600)T_0 + 0^s.093\ 104\ T_0^2 - 0^s.62 \times 10^{-5}\ T_0^3 \quad (4-48)$$

需要注意的是，式（4-48）计算出的 θ_G 单位为秒，在进行旋转计算时，还需将其转换成角度单位，$1\ s = \dfrac{1}{240}(°)$。

4. 极移矩阵

由于地球并非理想刚体，受地质运动、大气作用等物理因素的影响，其自转轴在地球本体内发生周期性摆动，导致地极的地表位置发生变化，称为极移。极移矩阵可以表示为

$$A = R_1(-y_p)R_2(-x_p)R_3(s) \quad (4-49)$$

式中，x_p、y_p 为 WGS-84 协议极点与瞬时真地球坐标系极点之间的角移量，可以从国际全球卫星导航系统服务组织（IGS）提供的地球转动参数（ERP）文件中插值获得。

s 用于将瞬时真地球经度原点校正至与 WGS-84 经度原点重合，该值本应由极移量 x_p 与 y_p 导出，但由于这两个量无法预先获知，而 s 的量级又很小，可用 $s = -47.0 \times 10^{-6} T_0$ 直

接计算[151]。

4.3.2 计算结果验证与应用

选取猎户座 α 星(赤经 88.65°,赤纬 7.41°)测量试验时的卫星姿轨序列数据作为输入,比较 STK 与本书几何处理系统对视线赤经和赤纬的解算结果。如图 4 – 22 所示,二者赤纬计算误差稳定在 4.4×10^{-3}(°)附近,而赤纬误差则小于 5×10^{-5}(°),地面几何处理系统对视线赤经和赤纬的定位结果非常准确。

2014 年 3 月 18 日的恒星测量试验中,图像数据角落出现半圆形饱和强亮斑(图 4 – 23),初步推测为月球反射。通过对圆斑中心附近像元进行空间定位,解算出圆斑区域对应的视线赤经和赤纬分别为 191.60° 和 – 6.73°。查阅星历可知(www. heaven – above. com),月球在拍摄时间的赤经为 191.62°,赤纬为 – 6.71°,与圆斑空间位置吻合,由此确认半圆斑为月球。

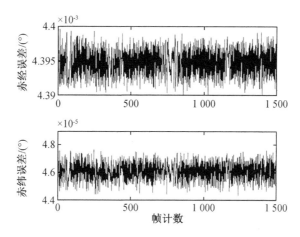

图 4 – 22 某次测量任务 STK 与相机地面几何处理系统的视线赤经和赤纬解算结果差异

图 4 – 23 包含月球半圆亮斑的短波图像

恒星观测模式中的一个重要任务是观测已知天球坐标的恒星,根据其成像位置的赤经和赤纬解算结果估计相机的视线指向精度。但目前为止,尚未找到合适的恒星开展视线定位精度测量试验。前文描述的多次恒星测量试验并没有达到预期效果,推测原因是所选恒星的尺寸、亮度和光谱分布并不满足相机的观测要求。

4.4 本 章 小 结

本章对天基红外相机测量数据的几何观测信息获取技术进行了详细阐述。对于地球背景观测数据,主要解算图像的地理位置和光照信息;对于地球临边观测数据,主要解算像元切线高度及地球水平线与焦面轴线夹角;对于空间背景观测数据,主要解算像元视线的天球指向。本章以卫星实际下传的遥测数据作为输入,比较了STK与本章模型的解算结果,验证了红外相机测量数据几何信息处理模型的精度;结合不同观测模式下的实测图像,验证了几何解算结果的正确性和可应用性。

第5章 红外相机大气背景图像
统计特性分析与仿真应用

如果忽略红外相机调制传递函数和噪声等自身因素的影响,辐射定标后的测量图像数据实际上反映了大气背景在探测波段下的表观辐射特性。但实测数据的覆盖性毕竟有限,并且获取成本高昂,而在图 5-1 所示的众多实际应用中,需要大量的大气背景辐射亮度图像作为数据支撑。因此,计算机数字仿真成为另一种应用更为广泛的大气辐射信息获取方式。通过仿真出的大气背景辐射亮度图像,可以帮助确定光电成像系统的技术参数[图 5-1(a)],训练目标检测算法[图 5-1(b)]。如果仿真过程基于物理成像链路,仿真图像还可以应用于大气的物性参数反演问题[图 5-1(c)]。

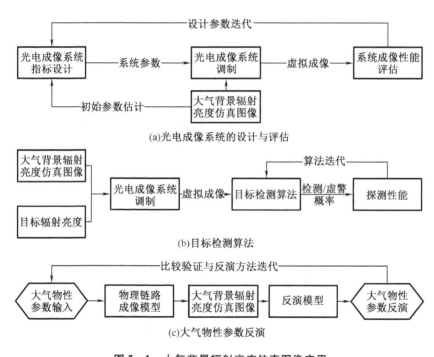

(a)光电成像系统的设计与评估

(b)目标检测算法

(c)大气物性参数反演

图 5-1 大气背景辐射亮度仿真图像应用

云层是大气背景中最常见、辐射特性最复杂的物质之一,也是本书的重点研究对象。本章将分析红外相机实测云层图像的统计特性,在此基础上建立基于多尺度叠加算法的云层辐射亮度图像仿真模型,模拟实测云图的统计特性与整体纹理形态,弥补实测数据在数量和多样性方面的不足。

5.1　红外吸收波段云层辐射特性分析

由于辐射机制的差异,云层在 $2.7~\mu m$ 和 $4.3~\mu m$ 谱段的辐射特性有所不同。$2.7~\mu m$ 位于短波红外谱段,云层对太阳的后向散射占据主导地位,热辐射成分比重较少;而 $4.3~\mu m$ 位于中波红外谱段,热辐射成为辐射主体,散射分量几乎可以忽略。

图 5-2 给出了红外相机在轨测量得到的典型云场景图像。为了更好地分辨场景中的元素,图中同时给出了场景的可见光图像。从可见光图像中可以看出,场景中同时存在高层云和低层云。低层云结构复杂,几乎覆盖了整个场景;而高层云所占区域较小,具有一定的透明度,二者的辐射能量相当,很难采用阈值分割等机器识别的方式进行区分。对比辐射定标后的红外图像,吸收谱段对地表及低层云的辐射抑制效应非常明显。$2.7~\mu m$ 波段图像中[图 5-2(b)],低层云与大气背景处于同一辐射亮度水平,而高层云要明显高出一个量级,起伏结构明显;$4.3~\mu m$[图 5-2(c)]对于云层散射并不敏感,低层云完全被大气自身辐射淹没,而高层云的热辐射效应与大气相比稍弱,在图中表现为暗色纹理,没有明显的起伏结构,与大气背景的辐射水平相当,处于 $2 \times 10^{-2}~W/(m^2 \cdot sr)$ 附近。相比而言,短波图像更能反映云层的散射特性,具有更高的研究价值。因此,本书重点关注红外短波谱段内云层的辐射统计特性与仿真应用。

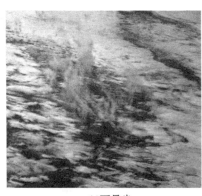

0　0.005　0.010　0.015
辐射亮度/[W·(m²·sr)⁻¹]

0　　0.02　　0.04　　0.06
辐射亮度/[W·(m²·sr)⁻¹]

(a)可见光　　　　　(b)短波红外(2.7μm)　　　　(c)中波红外(4.3μm)

图 5-2　云层辐射亮度图像对比

5.2　红外相机云层辐射亮度图像统计特性分析

由于云层形态的随机性与多样性,只能在统计意义上对其进行描述。功率谱密度(PSD)与幅值分布函数(ADF)是云层结构刻画中应用最广的两个统计量。对于天基红外相机获取的云层辐射亮度图像,PSD 可以揭示云层上行结构辐射的空间频率容量特征,ADF 则反映了辐射值的分布规律。

5.2.1 实测云层图像的功率谱密度

大量研究表明,云层光学属性(光学厚度、辐射、含水量等)的功率谱密度在对数坐标系下满足线性关系。图 5-3 给出了部分实测云层的辐射亮度图像以及相应的 PSD 拟合直线。考虑到天基红外相机的短波实测图像以高层卷云为主,由于卷云受风切的影响,呈现一定的条带状,二维方向上不再各向同性,因此在进行 PSD 分析时,并没有采用传统的一维空间频率半径转化模式[152],而是分别绘制图像横轴与纵轴空间频率 u 和 v 下的平均 PSD 曲线,坐标的横轴与纵轴分别为对数条件下的图像空间频率与辐射亮度功率谱。

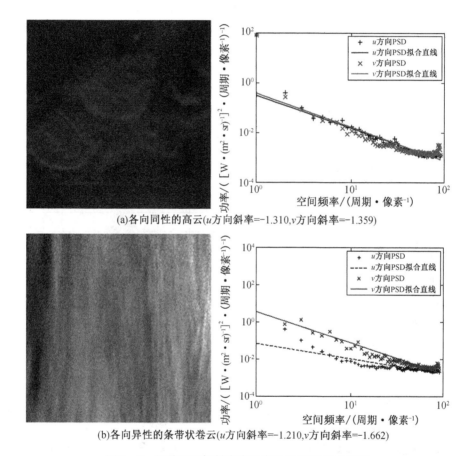

(a)各向同性的高云(u方向斜率=−1.310,v方向斜率=−1.359)

(b)各向异性的条带状卷云(u方向斜率=−1.210,v方向斜率=−1.662)

图 5-3 短波云层辐射亮度图像及其 PSD 拟合直线

从实测图像的分析结果来看,红外相机短波云层辐射的功率谱密度基本满足幂律分布($P(f) \propto f^{\beta}$),f 为空间频率,对数斜率 β 分布在 −2 ~ −1。图 5-3(a)为各向同性云,其在空间频率 u 和 v 方向上的 PSD 趋势几乎一致,拟合直线的斜率也非常接近。图 5-3(b)为典型的各向异性的条带状卷云,为了说明问题,将其进行了旋转,使条带方向沿图像纵轴。可以看出,由于方向性纹理的存在,u 和 v 方向的 PSD 出现明显差异,条带方向(v 方向)的 PSD 拟合直线无论是功率谱大小还是斜率的绝对值都要大于垂直条带方向(u 方向),这与 PSD 的物理意义吻合,图像在条带方向的相关性显然更强。因此,在图像仿真时,需要在二维尺度上考虑卷云 PSD 的分布情况,尽量使仿真图像的 PSD 拟合直线斜率符合实际测量结果。

5.2.2　实测云层图像的辐射亮度分布

有研究表明,地基云层背景图像可以划分为多个区域,每个区域内的幅值都符合正态或多正态分布规律[153]。也有研究表明,云层图像的幅值规律需要分别使用伽马分布、对数分布和正态分布分别表征[46]。图 5 - 4 给出了部分天基红外相机实测云层图像,并使用正态分布对图像的辐射亮度分布进行了拟合。可以看出,对于小视场的单一高层云来说,虽然由于云层自身光学属性与成像条件不同,辐射亮度范围与波动情况差异较大(均值可以跨越 1 个量级),但在总体趋势上基本满足正态分布。

因此,应当选择正态随机场作为云层纹理仿真算法的基础模型,以均值和标准差作为指标衡量仿真图像在辐射亮度分布上的有效性。实际上,在以探测器设计与评估为导向的仿真应用中,测量对象的辐射均值与标准差也是重点考察指标,需要通过它们估计探测器的动态范围与信杂比情况。从现有红外相机实测图像的统计结果来看,云层短波的辐射亮度均值一般处于 $10^{-3} \sim 10^{-2}$ W/($m^2 \cdot sr$),而标准差分布通常比均值低 1 个量级。

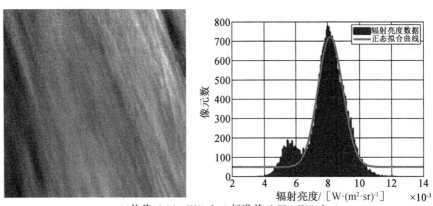

(a)均值=8.16 mW/($m^2 \cdot sr$),标准差=0.78 mW/($m^2 \cdot sr$)

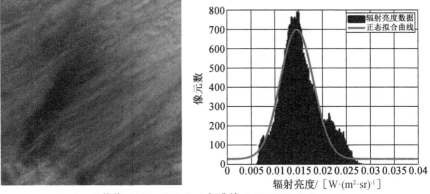

(b)均值=14.63 mW/($m^2 \cdot sr$),标准差=3.46 mW/($m^2 \cdot sr$)

图 5 - 4　短波云层辐射亮度图像及其分布直方图的正态拟合

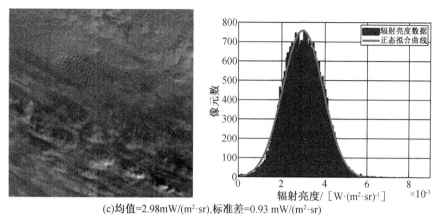

(c)均值=2.98mW/(m²·sr),标准差=0.93 mW/(m²·sr)

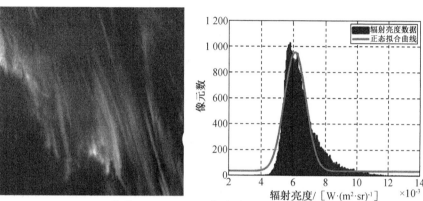

(d)均值=6.11 mW/(m²·sr),标准差=0.66 mW/(m²·sr)

图5-4(续)

5.3 基于多尺度叠加算法的云层辐射亮度图像仿真建模

云层结构的随机性可用统计学观点来解释其模型规律。Lovejoy 在其 1982 年的著作中提出云层边界符合分形特点[60],随后分形理论的创始人 Mandelbrot 和其他学者也指出分形理论可以生成类似云层的结构[154]。事实上分形已被广泛应用于各种自然场景的模拟与分析。同时,根据上述实测云层辐射图像的统计特性分析结果,在选择云层辐射纹理构造算法时,应考虑能够模拟云层辐射亮度的正态分布,以及二维方向上 PSD 的幂律分布。

5.3.1 多尺度叠加分形算法

1.算法原理

Peachey[155] 在分形布朗运动的基础上建立了一种简单快速的多控制变量随机函数,并将其与 Mandelbrot-Weierstrass 函数相结合[156],形成了一种多变量的随机分形算法,称为多尺度叠加(RSA)分形算法[157]。该算法可以通过灵活地控制参数生成不同统计与分形特征的多维随机场。美国空军的菲利普斯实验室曾经借助这种算法开发了 CSSM,用于模拟一定天气条件下的大气湿度时空四维分布[70]。

该算法的基本原理如下。

A^n 为 n 维均值为零的高斯随机分布矩阵,实函数 $S_n(X)$ 为 A^n 在位置 X 的插值函数,$X = (x_1, x_2, \cdots x_n)$ 为 n 维位置矢量。定义随机分形函数 V_n:

$$V_n(X) = \sum_{m=m_0}^{m_{max}} \frac{1}{r^{mH}} S_n\left(r^m \frac{X}{l}\right) \tag{5-1}$$

随机函数在位置 X 的分形数值由随机矩阵 A^n 在位置 $r^m\left(\dfrac{X}{l}\right)$ 插值叠加获得。可以看出,该算法包含以下四个控制参数。

① 插值分辨率 l。插值分辨率将输出分形网格的物理尺度与随机矩阵 A^n 相关联,决定随机矩阵相邻元素之间插值网格点的数目。l 越大表示相邻随机元素之间插值的网格点越多,随机分形数值场的相关尺度越长,空间分布越平滑,表现为较大的连续面积。

② 空间频率累加上下限 m_0 与 m_{max}。该两个参量用于限制分形数值场中包含的空间频率成分范围:下界 $m_0 > 0$ 表示最大空间尺度(低频);上界 m_{max} 表示最小空间尺度(高频)。最终的分形结果为各频率项的累加,m_{max} 越大细节越丰富。

③ Hurst 参数 H。该参量用于控制各空间频率项的累加权重。H 值越大,高频累加项所占比重越小,表现为低频成分明显,曲面较光滑;反之,H 越小,高频成分比例增大,曲面变得粗糙。与分形布朗运动一样,H 的取值范围为 $0 \sim 1$。

④ 空隙参数 r。该参量的控制效果与 H 类似,r 越大细节越丰富,但控制效果不如Hurst 参数明显。

以二维多尺度叠加算法为例,图 5-5 给出了各控制参数对分形曲面的影响。

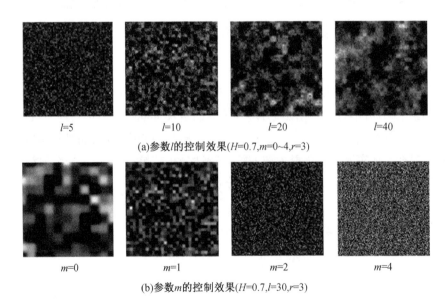

l=5 l=10 l=20 l=40

(a)参数 l 的控制效果(H=0.7,m=0~4,r=3)

m=0 m=1 m=2 m=4

(b)参数 m 的控制效果(H=0.7,l=30,r=3)

图 5-5   不同算法参数的分形控制效果

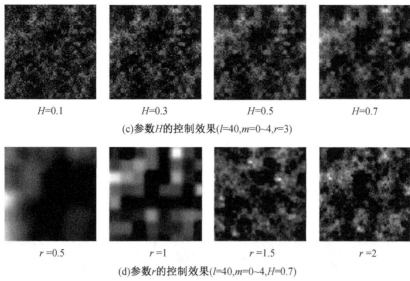

H=0.1　　　　H=0.3　　　　H=0.5　　　　H=0.7

(c)参数H的控制效果(l=40,m=0~4,r=3)

r=0.5　　　　r=1　　　　r=1.5　　　　r=2

(d)参数r的控制效果(l=40,m=0~4,H=0.7)

图5-5（续）

2. 算法特点

鉴于多尺度叠加算法的原理基础与多变量控制能力,将RSA分形算法引入云层辐射图像纹理结构的建模。该算法具有以下优势。

①基于高斯随机过程。由于算法的模型基础为高斯随机场,使得生成的纹理结构满足正态分布,与实测图像数据分布规律相符,无须使用复杂的幅值规定方法。

②控制变量多,灵活性强。通过控制四个变量,对分形数据的复杂性、空间尺度、频率成分权重等进行修改。

③可以模拟各向异性的云层结构。将插值分辨率l扩展为矢量l,得到随机分形函数

$$V_n(\boldsymbol{X}) = \sum_{m=m_0}^{m_{\max}} \frac{1}{r^{mH}} S_n\left(r^m \frac{\boldsymbol{X}}{l}\right) \tag{5-2}$$

令l在各方向的分量不同,可构造卷云各向异性的条带状结构特征,模拟其辐射特性在二维方向上的PSD分布差异。在此基础上,通过旋转位置矢量$\boldsymbol{X}$,使得带状方向与水平方向呈现一定角度θ,可构造一定风向下的云层结构,如图5-6所示。旋转后的矢量为$\boldsymbol{X}' = \boldsymbol{R}(\theta)\boldsymbol{X}$,$\boldsymbol{R}(\theta)$为旋转矩阵。

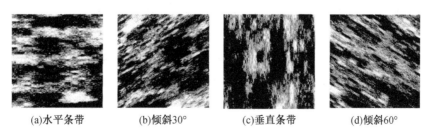

(a)水平条带　　　(b)倾斜30°　　　(c)垂直条带　　　(d)倾斜60°

图5-6　各向异性条带结构

④可生成动态变化的分形数据。通过对位置矢量的整体平移或旋转,可实现分形数据的动态变化;可用于模拟一定风速率下的云层的运动效果。令云层运动速度为 $d = (d_x, d_y)$,则时刻 t 下的分形数据为

$$V_n(\boldsymbol{X}, t) = \sum_{m=m_0}^{m_{\max}} \frac{1}{r^{mH}} S_n\left(r^m \frac{(\boldsymbol{X} + t\boldsymbol{d})}{l}\right) \tag{5-3}$$

图 5 - 7 给出了速率为 8 像元/秒,向左上方运动的多帧二维分形云层数据。该特点可用于模拟天基凝视系统运动过程中的多帧图像。

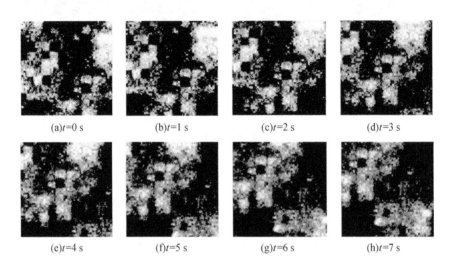

(a)t=0 s   (b)t=1 s   (c)t=2 s   (d)t=3 s

(e)t=4 s   (f)t=5 s   (g)t=6 s   (h)t=7 s

图 5 - 7　动态变化的云层(速度方向:左上方)

⑤分形维数空间可变。维数 D 可以是空间位置的函数 $D = D(x_1, x_2, \cdots, x_n)$,该特点可用来生成局部复杂特性不同的云背景,适用于大场景云层图像的仿真。

⑥易于生成多维分形数据。通过改变随机矩阵的维数及插值函数 S_n,可扩展得到多维随机分形函数,其中二维多尺度算法适用于生成云层图像的纹理结构分形数据。在6.1 节中,将其扩展到了三维空间,用于模拟云层的含水量分布。

5.3.2　算法参数与图像统计特征关系分析

基于 5.2 节中云层实测图像的统计特性分析,将 ADF 与 PSD 作为仿真云层图像的有效性评价依据。下面对 RSA 算法参数与这两项统计特征参数之间的关系进行研究。

1. 算法参数与 PSD 关系分析

从式(5 - 1)和图 5 - 5 中可以看出,二维 RSA 算法的四个参数耦合紧密,都可以导致图像的 PSD 发生变化,这非常不利于算法参数的选取与校验。在实际云层结构相关量的仿真中,可以固定选择 $m_0 = 0$、$m_{\max} = 4$ 以保留仿真图像中高低不同的频率成分。Hurst 参数 H 与空隙参数 r 的控制效果类似,都会对 PSD 趋势造成极大影响。

图 5 - 8 比较了二者对 PSD 斜率的控制效果。H 与 PSD 斜率呈简单的线性关系,控制效果更好。事实上,原始分形布朗模型中,固定拓扑维数下的分形维数和 PSD 斜率只

与 Hurst 参数具有固定线性关系[158]，虽然在 RSA 算法中这种线性关系仍然存在，但直线形式也受其他控制参数的影响。同时可以发现，当 $r > 2$ 时，已经不再对 PSD 斜率造成显著影响[图 5 – 8(a)]，但仍然可以通过 H 对 PSD 斜率进行较大范围的调整[图 5 – 8(b)]，调整幅度区间覆盖实测的 $-2 \sim -1$。因此，在进行参数估计时，可以将 r 固定为大于 2 的值，通过调节 H 使仿真图像的 PSD 满足要求。

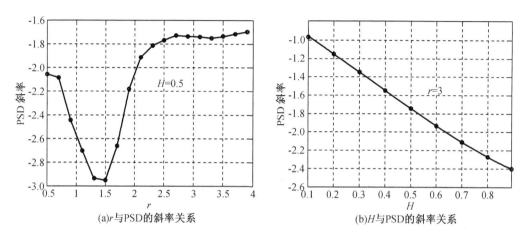

(a)r与PSD的斜率关系　　　(b)H与PSD的斜率关系

图 5 – 8　r 和 H 对 PSD 斜率控制效果比较（$l_x = l_y = 20$, $m = 0 \sim 4$）

插值分辨率 l 同样影响分形场的 PSD 分布，图 5 – 9(a)给出了 $H = 0.5$，$r = 3$ 时，PSD 斜率随 l 的变化曲线。可以看出，l 与 PSD 斜率的关系更加接近幂律模型，控制效果显然不如 H 简单有效。在二维 RSA 算法中，l 被扩展为矢量 $l = (l_x, l_y)$ 以构造二维各向异性的云层纹理。图 5 – 9(b)利用不相等的 l_x 和 l_y 值构造了具有垂直方向性的纹理结构，如果再对纹理进行适当的旋转，即可模拟特定风向下的卷云图像。因此，l 可以作为辅助参数，在使用 H 确定图像总体 PSD 分布趋势的情况下，对 PSD 在二维方向上的斜率进行微调，以满足实际仿真的要求。

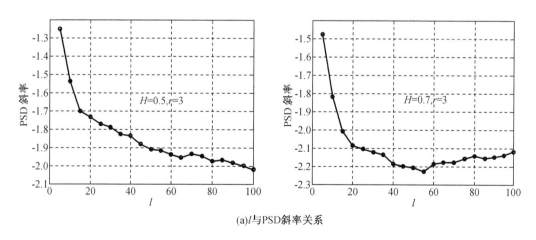

(a)l与PSD斜率关系

图 5 – 9　l 对 PSD 斜率的控制效果（$H = 0.5$, $r = 3$, $m = 0 \sim 4$）

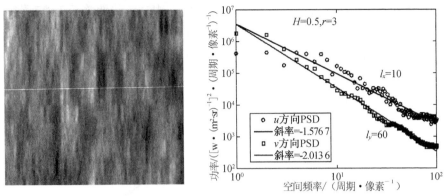

(b)利用不相等的l_x和l_y构造PSD各向异性纹理

图5-9(续)

2. 算法参数与 ADF 关系分析

RSA 算法基于标准高斯随机场,控制参数的设置并不会改变分形值的正态分布特征,但会导致图像标准差发生变化(图5-5)。因此式(5-2)生成的分形值需要经过幅值修正,修正为均值与标准差满足要求的正态分布。正态分布之间的幅值修正可以通过式(5-4)完成:

$$R = V \frac{\sigma_V}{\sigma_R} + R_{mean} \qquad (5-4)$$

式中　　R——修正后的幅值;

　　　　V、σ_V——算法生成的分形值及其标准差;

　　　　R_{mean}、σ_R——所需的幅值均值和标准差。

图5-10 为幅值规定前后的图像 ADF 与 PSD 比较,R_{mean}取0.02,σ_R取0.001 5,RSA 算法其他控制参数的设置见图注。可以看出,这种线性映射的方式能够很容易模拟任意均值与标准差的正态分布。同时,由于对分形值进行了统一比例因子$\left(\dfrac{\sigma_V}{\sigma_R}\right)$的缩放,幅值在空间上的分布规律与 PSD 斜率几乎不会发生改变。这一特性将 RSA 算法的 ADF 修正与 PSD 调整进行了解耦,在对仿真图像进行 ADF 修正时可以不用考虑对 PSD 产生的影响。因此,在进行算法参数估计时可以首先从 PSD 调整出发,最后通过式(5-4)进行幅值的修正工作。

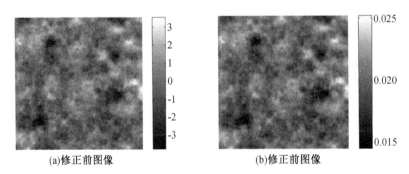

(a)修正前图像　　　　　　　　　　(b)修正前图像

图5-10　幅值分布函数修正示意

($R_{mean}=0.02$、$\sigma_R=0.001\ 5$、$l_x=l_y=20$、$r=2$、$H=0.7$、$m=0\sim4$)

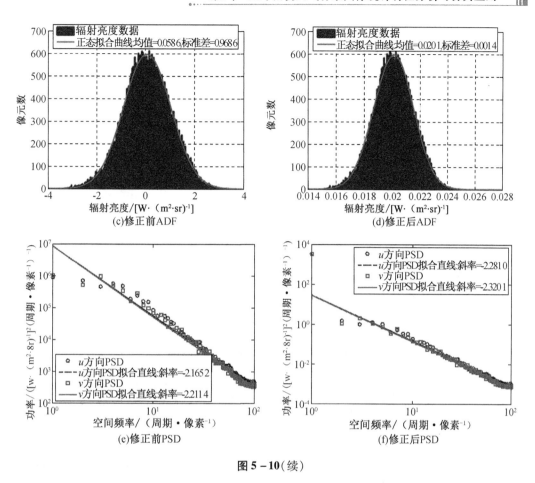

图 5 – 10(续)

5.4 模型的参数估计与验证

根据上述分析,在实际云图仿真时将频率参数 m 的叠加范围固定为 $0 \sim 4$,孔隙参数 r 固定设为 4。只将 Hurst 参数 H 和插值分辨率 l 作为可变参数进行调整。具体的参数估计与仿真流程如下。

①参数 H 估计。将 l_x 和 l_y 设为 20,根据仿真图像目标平均 PSD 斜率估计 H 值,估计方法为按照图 5 – 8(b)所示的线性模型直接映射。

②参数 l_x 和 l_y 估计。在 $0 \sim 400$ 内采用二分迭代法,同时对 l_x 和 l_y 进行优化,直到满足所需的 u 和 v 方向 PSD 斜率,迭代收敛阈值取 0.05。

③幅值修正。采用式(5 – 4)对二维分形场进行幅值修正,使仿真图像的辐射亮度均值与标准差满足预期。

④旋转裁剪。根据云层方向要求和图像尺寸对仿真图像进行旋转裁剪,生成面向探测器终端的云层辐射亮度图像。

为了验证仿真算法的有效性,选择四幅红外相机实测辐射亮度图像作为比较对象,以这四幅图像的均值、标准差、云层纹理方向与垂直纹理方向的 PSD 斜率作为算法参数估计基准及仿真图像的有效性评价统计特征指标。令基于四幅图像的仿真实验编号分别为 E1~E4,各组实验的实测图像与仿真图像对比见图 5-11~图 5-14,仿真时使用的参数情况见表 5-1,实测图像与仿真图像的统计特征比较见表 5-2。

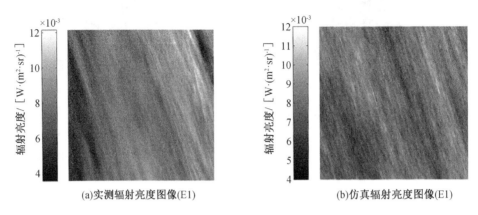

(a)实测辐射亮度图像(E1)   (b)仿真辐射亮度图像(E1)

图 5-11　实测与仿真辐射亮度图像比较(实验编号 E1)

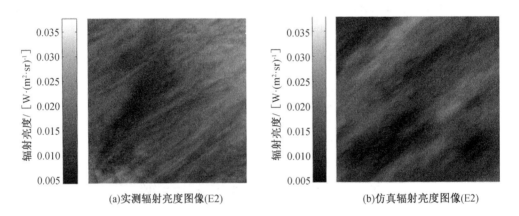

(a)实测辐射亮度图像(E2)   (b)仿真辐射亮度图像(E2)

图 5-12　实测与仿真辐射亮度图像比较(实验编号 E2)

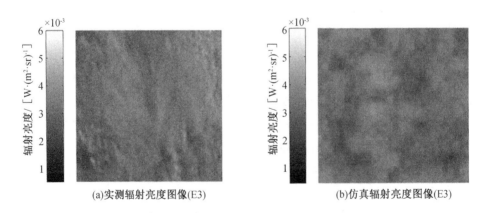

(a)实测辐射亮度图像(E3)   (b)仿真辐射亮度图像(E3)

图 5-13　实测与仿真辐射亮度图像比较(实验编号 E3)

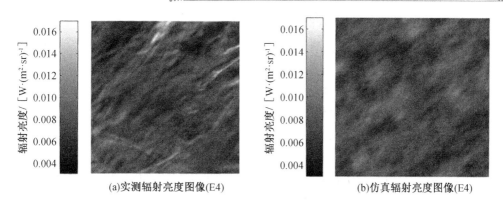

(a)实测辐射亮度图像(E4)　　　　　　　(b)仿真辐射亮度图像(E4)

图5-14　实测与仿真辐射亮度图像比较(实验编号E4)

表5-1　实验E1～E4中使用的图像仿真参数

实验编号	H	l_x	l_y	$R_{mean}/$ $[mW \cdot (m^2 \cdot sr)^{-1}]$	$\sigma_R/$ $[mW \cdot (m^2 \cdot sr)^{-1}]$	旋转角度 $/(°)$
E1	0.15	18	230	8.20	0.80	-18
E2	0.60	45	140	14.60	3.50	50
E3	0.50	48	55	3.20	0.40	0
E4	0.75	20	40	7.40	1.10	55

表5-2　仿真与实测云层红外短波辐射亮度图像统计特征的比较验证

实验编号	图像来源	均值/ $[mW \cdot (m^2 \cdot sr)^{-1}]$	标准差/ $[mW \cdot (m^2 \cdot sr)^{-1}]$	纹理方向 PSD斜率	垂直纹理方向 PSD斜率
E1	实测	8.16	0.78	-1.66	-1.21
	仿真	8.05	0.80	-1.66	-1.24
E2	实测	14.63	3.46	-2.22	-2.40
	仿真	13.83	4.24	-2.25	-2.39
E3	实测	3.23	0.37	-2.17	-2.23
	仿真	3.19	0.33	-2.16	-2.22
E4	实测	7.44	1.08	-2.55	-2.68
	仿真	7.51	1.04	-2.52	-2.72

　　实验结果表明,本书给出的云层辐射亮度图像仿真模型与参数估计方法能够有效生成与实测图像统计特征相符的辐射亮度图像。从视觉效果来看,仿真算法更适用于模拟纹理变化较为均一的云层(E1和E2),对局部细节变化复杂的云层模拟效果较差(E3和E4),但仍能保证云层整体的几何形态相近,这是仿真模型自身的局限性导致的。由于只通过单一的l_x和l_y值控制云层纹理的整体方向,无法刻画E3和E4中与云层整体纹理方向相异的条纹,而算法本身基于高斯随机场,也很难描述E4中的局部高亮条纹。虽然可

以对现有方法进行改进,以适应实际测量中更加复杂的云层,例如参考灰度订正方法对图像亮度进行复合分布模型或数值分布模型修正,模拟非高斯分布或特殊分布的云层辐射亮度分布;或是将 H、l_x 和 l_y 等算法参数扩展成与空间分布有关的变量,模拟局部方向性变化剧烈的云层纹理。但是,仿真算法的复杂化必然会引入大量新的控制参数,不利于算法的参数估计与设置,增加仿真方法使用难度的同时降低了仿真效率。此外,真实云层要比分形模型所能描述的形式复杂得多,不大可能建立出具备刻画所有云层纹理细节能力的仿真模型。

实际应用中,可以控制仿真参数在较大范围内进行变动,以生成统计特性符合实测认知但特征参数未被实测覆盖的多样性图像数据。

5.5　本章小结

本章对天基红外相机实测短波云图的幅值分布函数与功率谱密度进行了分析,在此基础上引入二维 RSA 分形算法构造云层辐射亮度图像的纹理结构。通过数值实验研究了 RSA 算法参数与生成图像统计特征之间的控制关系,提出了基于统计特征模拟的云层辐射亮度图像仿真模型和参数估计方法。最后,将仿真图像与实测图像进行了对比验证,结果表明,本章给出的仿真方法能够快速有效地模拟实测云图的统计特征与整体纹理形态,可以应用于天基红外成像系统及目标检测算法的设计与评估。

第6章 基于场景建模与辐射传输的云层图像仿真

利用二维分形算法构造云层纹理结构的仿真方式所需计算资源较少,在计算效率上拥有较大的优势,适用于实时性要求较高或计算样本量较大的应用需求。但是,它的不足也非常明显。

①缺乏物理过程的理论支撑。终端对终端的仿真方式仅仅关注图像层面,并没有结合辐射传输理论建立云的物性参数与相机入瞳辐射之间的关系模型。因此,仿真出的图像中无法反映云的散射或吸收等物性信息,无法应用于遥感领域中云层的物性参数反演问题的研究。

②受测量数据局限。由于仿真过程中依赖天基相机的实测数据,因此,仿真结果的覆盖性和多样性受到测量数据覆盖性和多样性的限制。对于实测数据尚未覆盖的观测条件、波段范围,以及特殊现象,无法进行有效仿真。另一方面,实测图像数据中耦合的相机测量误差、调制传递函数,以及噪声等影响因素将不可避免地被引入到最终的仿真结果中。

③忽视了云层的三维结构。云层在三维空间上的非均匀性对辐射特性有着显著影响,其水平方向与垂直方向结构化的边缘是红外探测系统的主要杂波源。同时,对于低轨卫星或飞机等近距离观测平台而言,随着平台的姿轨运动,以及相机的摆镜控制,探测器的外方位元素发生改变,其所观测到的云层结构及辐射信号也发生相应变化。单纯二维层面上的仿真方法无法满足这类多帧、多视角图像生成的需要。

为了弥补二维仿真算法的上述不足,本章建立了如图6-1所示的仿真体系,从云层三维空间分布建模,到云层粒子散射特性计算,再到三维场景辐射传输解算,最后到相机焦面像元辐射亮度计算构成了一套完整的仿真体系,并针对大气和云层在吸收谱段的辐射传输特性,对仿真体系中的部分环节进行了深入的研究。该体系具体包括水平取向冰晶粒子镜反方向相函数建模、遥感相机像元级辐射传输计算以及吸收波段 CKD 参数优选方法等。

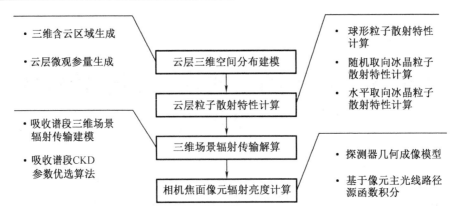

图 6-1 遥感应用中的三维云层辐射亮度图像仿真体系

6.1 三维云层空间结构建模

6.1.1 云层粒子的微观物理结构

云是由大量离散的液态或固态粒子所构成的,这些粒子在空间上的形状、尺度及含水量(LWC/IWC)分布共同决定了云的物理属性。根据大量的飞机观测资料统计,低云和部分中云由于温度层结通常由尺度介于 $1 \sim 20 \ \mu m$ 的球形水滴组成,一些温度高于 $-20 \ ℃$ 的中云则含有与冰粒子共存的过冷水滴。冰晶粒子主要存在于卷云和一些中云的顶部,冰晶粒子的形状非常复杂,常见的粒子有空心和实心六棱柱、板状、枝状、子弹玫瑰花状、聚合物状等。此外这些粒子的尺寸和取向随着周围温度和压力的变化而变化,导致很难精确描述云层的微观物理结构。

云层中粒子尺度 D 可看作是概率分布函数为 $n(D)$ 的随机变量,即

$$N = \int_{D_1}^{D_2} n(D)\,\mathrm{d}D \tag{6-1}$$

式中 N——单位体积云中半径在 D_1 与 D_2 之间的粒子数目;

$n(D)$——粒子尺度谱分布函数。

Heymsfield 等[159]通过对大量实测资料研究发现,尺度小于 $20 \ \mu m$ 的粒子,$n(D)$ 可通过修正后的伽马分布描述[160],即

$$n(D) = aD^{\alpha}\exp(-bD) \tag{6-2}$$

式中,a、α 和 b 为伽马分布的控制参数。

通过调节不同的控制参数大小可以拟合不同形状的尺度分布函数。而对于尺度大于 $20 \ \mu m$ 的粒子则需要采用幂指数关系描述,即

$$n(D) = AD^{B} \tag{6-3}$$

式中, A 、 B 为拟合变量,为温度的函数。

粒子的尺度分布特征可使用尺度谱的多阶矩来描述,其中最重要的参数之一为有效直径 D_e ,定义为粒子体积与表面积之比的平均值,可表示为[161]

$$D_e = \frac{3}{2} \frac{\int_{D_{\min}}^{D_{\max}} V n(D) \, dD}{\int_{D_{\min}}^{D_{\max}} A n(D) \, dD} \quad (6-4)$$

式中　V——粒子体积;

A——冰晶在垂直于入射光束平面上的几何投影面积;

$n(D)$——粒子尺度谱;

$D_{\min}$ 与 $D_{\max}$——粒子的最小与最大尺度[162]。

对混合形状的非球形粒子,有效粒子直径定义为[163]

$$D_e = \frac{3}{2} \frac{\int_{D_{\min}}^{D_{\max}} \left[\sum_{i=1}^{N} f_i(D) V_i(D) \right] n(D) \, dD}{\int_{D_{\min}}^{D_{\max}} \left[\sum_{i=1}^{N} f_i(D) A_i(D) \right] n(D) \, dD} \quad (6-5)$$

式中　f_i——尺度为 D 的粒子各形态的比重,满足 $\sum_{i=1}^{N} f_i = 1$;

V_i——第 i 个形态粒子的体积;

A_i——第 i 个形态粒子的几何投影面积。

根据粒子尺度谱可求得粒子单位体积的质量,即含水量

$$wc = \frac{1}{6} \pi \rho \int_{D_{\min}}^{D_{\max}} D^3 n(D) \, dD \quad (6-6)$$

式中, ρ 为水(冰)的密度,含水量 wc 的单位为 g/m³。

研究发现,虽然粒子尺度谱分布各异,但云层的光学属性主要由有效直径 D_e 与含水量值决定[164]。因此,对云层的结构建模应主要从这两个微观物理参量出发。

6.1.2　基于 RSA 算法的三维云层结构建模

从外部结构上看,云层表现为不规则的三维体,内部由大量尺寸不一的水滴或冰晶粒子构成。观察发现,云层不仅在空间上满足分形特点,其内部的含水量也是如此[165]。可利用 RSA 算法分别构造云层的内部与外部空间结构,算法的主要流程如图 6-2 所示。

算法主要分为两大部分:云层宏观区域构造与云层微观物理参量生成。算法得到的三维数据统称为云场数据。首先将三维空间区域进行网格划分,定义为云场数据的所在区域;然后利用二维分形算法构造云层水平结构分布,判断水平面网格内是否包含云层;对于含云的网格点,计算其垂直方向的高度区间,如图 6-3 所示,阴影网格代表含云区域。得到三维含云区域后,根据云层所在的气象条件计算参考平均含水量,并利用三维分形算法构造含水量的扰动分布,平均与扰动之和作为该网格点处的总含水量;利用粒子有效直径与含水量的经验关系求得不同三维有效直径数据。

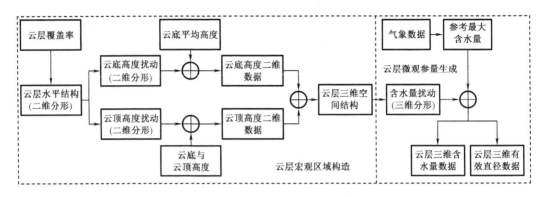

图 6-2 云层三维结构生成算法

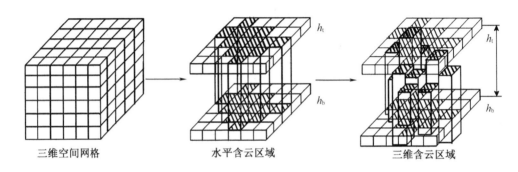

图 6-3 云层三维结构构造

该算法并不是基于云层物理数值模型的精确求解,并没有考虑热力学及对流运动对云层结构与含水量的影响。因此不能得出特定时间与地点下精确的云层结构,只能得到在一定条件下具有某种统计特性的云层结构,是一种经验性的参数化随机静态模型。但这种模型无论在宏观形态上还是微观属性上都能对各类云层进行很好的模拟,同时也并不需要过于复杂的计算和大量辅助数据支撑,特别适用于实际工程应用。

1. 三维含云区域生成

将三维空间视作由平行的垂直网格柱组成,云层为其中的封闭几何体,云层的空间结构通过含云网格柱的高度区间来判定。具体算法步骤如下。

①水平方向含云区域生成。利用式(5-2)生成二维分形数据 $V_2(x,y)$,利用云层覆盖率确定门限,对数据直方图进行阈值分割,超过阈值的网格点确定含云网格柱,其他为无云。为了便于确定数据与阈值的范围,利用误差函数将分形数据转换为 $0 \sim 1$ 之间的均值分布[166]:

$$V_t = \frac{1}{2}\left(1 + erf\left(\frac{V_2}{\sqrt{2}}\right)\right) \tag{6-7}$$

式中　V_2——近似高斯分布的分形数据;

　　　V_t——变换后的均匀分布值,变换后的二维数据及阈值均在 $0 \sim 1$ 之间,且数据趋于平滑;

　　　erf——误差函数。

②云底高度生成。对有云网格柱,再次利用二维分形算法生成云底高度扰动的分形值 V_b,根据事先限定的云层名义底部高度 h_b 与顶部高度 h_t 对分形值标定,得到云底高度 h'_b 为

$$h'_b = h_b + h_{bp} = h_b + \frac{V_b}{C_{bv}} \times (h_t - h_b) \qquad (6-8)$$

式中 h_{bp}——云底高度的扰动项;

C_{bv}——为云底高度变化控制参数,C_{bv} 值越小云层底部的高度变化越剧烈。

分形值 V_b 近似满足均值为 0,标准差小于 1,范围在 $-5 \sim +5$ 的高斯分布,因此 C_{bv} 的取值范围应为 $[5, +\infty)$,以保证云底实际高度满足 $h'_b < h_t$。

③云顶高度生成。根据云层覆盖比例对步骤①中生成的 V_t 值进行阈值分割,使有云区域的分形值满足 $V_t \in [V'', 1]$,V'' 为由云层覆盖率所确定的分形数据阈值。实际云顶高度 h'_t 的计算模型为

$$h'_t = h_b + (h_t - h_b) \times \left(\frac{V'_t - V''}{1 - V''} \right)^{C_{tv}} \qquad (6-9)$$

式中,C_{tv} 为云顶高度变化程度控制参数,对于卷云,推荐取值范围为 $[1,2]$。

2. 云层微观参量生成

有云网格点含水量和有效直径的生成方法如图 6-4 所示。根据 Feddes 的研究成果[167],云层中的含水量与云层类型、云层温度,以及所处的垂直位置有关,统计得到部分类型云层的最大含水量 wc_{max} 如表 6-1 所示。根据对实测数据的统计分析,云层中网格点的平均含水量 wc_{avg} 可以写成

$$wc_{avg} = wc_{max} \cdot F \qquad (6-10)$$

式中,F 为垂直权重大小,与网格点所处的云层相对垂直位置有关,可以根据网格柱高度区间及云层的全局高度区间加权求得。对于卷云等高层云 F 取恒定值 40%[167]。

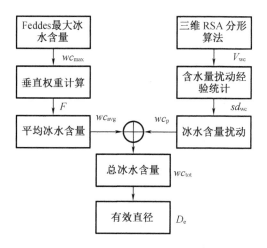

图 6-4 云层三维微观属性生成

利用三维 RSA 算法得到三维随机分形值 V_{wc},根据云层含水量标准差与均值比 sd_{wc} 的统计经验值进行尺度标定。含水量扰动项 wc_p 为

$$wc_{\mathrm{p}} = V_{\mathrm{wc}} \cdot \frac{sd_{\mathrm{wc}}}{sd_V} \tag{6-11}$$

式中, sd_V 为分形值 V_{wc} 的标准差。

将 wc_{avg} 与 wc_{p} 相加即可得到各网格点的含水量值

$$wc_{\mathrm{tot}} = wc_{\mathrm{avg}} + wc_{\mathrm{p}} \tag{6-12}$$

表 6-1   不同类型云层的最大含水量与温度的关系

温度/℃	卷云	卷积云	卷层云	层云	雨层云	层积云
< -25	0.10	0.05	0.15	0.10	0.35	0.20
[-25,20)	0.10	0.05	0.15	0.15	0.40	0.30
[-20, -15)	0.10	0.05	0.15	0.20	0.45	0.40
[-15, -10)	0.10	0.05	0.20	0.25	0.50	0.45
[-10, -5)	0.15	0.10	0.20	0.30	0.60	0.50
[-5,0)	0.15	0.10	0.20	0.35	0.60	0.55
[0,5)	0.15	0.10	0.25	0.40	0.75	0.60
[5,10)	0.20	0.10	0.25	0.45	0.90	0.70
[10,15)	0.20	0.15	0.25	0.50	0.90	0.70
≥15	0.20	0.15	0.25	0.50	0.90	0.70

有效直径 D_e 为粒子尺度分布的描述指标之一,式(6-4)与式(6-5)给出了准确的计算方法,但在大尺度云层应用中常采用参数化模型,即根据观测数据得到的参数间的量化关系。由赤道太平洋中心区试验(CEPEX)数据分析,含水量与温度 T 及粒子幂指数尺度分布中的参数 B(式(6-3))存在如下关系[168]:

$$B = -2 + 10^{-3} T^{1.5} \lg \frac{wc_{\mathrm{tot}}}{wc_0} \tag{6-13}$$

式中 T——温度,℃;

$wc_0 = 50 \mathrm{~g/m^3}$ 。

有效直径 D_e 可以用 B 的三次多项式表示为[169]

$$D_e = 754.8 + 406.6B + 75.82B^2 + 4.7392B^3 \tag{6-14}$$

根据云层网格所在的温度与含水量,由式(6-13)与式(6-14)可求得三维有效直径数据。

3. 三维云层结构建模结果

利用 Voxler 软件对 RSA 算法构造出的不同类型云层三维含水量数据进行了渲染绘制,如图 6-5 所示。计算时所选用的分形参数如表 6-2 所示[70]。从图中可以看出,仿真结果满足各类云层的宏观分形特征与视觉预期。需要注意的是,实际云层的含水量分布不仅仅局限于表 6-2 中提供的参数,以及前面给出的经验统计结果。美国机载卷云测量试验 SUCCESS 计划的数据表明,随着飞行路径的温度、云层高度等气象条件的变化,卷云的平均含水量变化可能会跨越 1~3 个量级,并且各次试验统计出的含水量统计特征与分形特征也有较大的差别,对此可以通过调整 RSA 算法的参数去模拟更多实际云层的含水量分布特征。

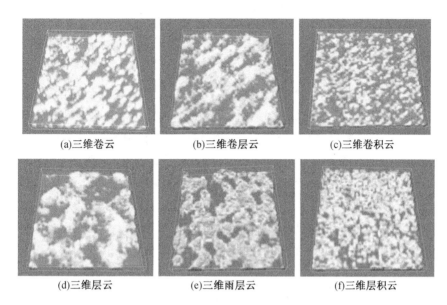

(a)三维卷云　　　　　　(b)三维卷层云　　　　　　(c)三维卷积云

(d)三维层云　　　　　　(e)三维雨层云　　　　　　(f)三维层积云

图 6-5　三维云层结构模拟示意

表 6-2　三维云结构生成时的 RSA 参数设置

参数类别	参数项	卷云	卷层云	卷积云	层云	雨层云	层积云
云层水平 分布参数	H	0.3	0.3	0.2	0.5	0.7	0.3
	l_x	5	10	3	20	15	6
	l_y	20	30	9	20	15	6
云底扰动 参数	H	0.3	0.3	0.3	0.5	0.3	0.3
	l_x	1.5	2	1	1	1	1
	l_y	1.5	2	1	1	1	1
含水量 生成参数	H	0.3	0.3	0.3	0.5	0.3	0.3
	l_x	2	2	0.5	1	1	1
	l_y	10	15	5	1	1	1
	l_z	10	15	5	1	1	1
	sd_{wc}	0.5	0.5	0.5	0.3	0.3	0.3

6.2　云层粒子散射特性计算

云层的散射特性与其组成粒子的物态、尺寸、形状,以及取向等因素密切相关。根据大量的机载设备观测,低云与一些中层云由 $1 \sim 20~\mu m$ 大小的球形水滴组成,典型的水滴大小为 $5~\mu m$。高层云主要由非球形冰晶粒子组成,常见的冰晶形状有聚合物状、子弹玫瑰花状、柱状、空心柱、板状、过冷水滴和回转体几种,尺寸范围为 $5 \sim 1~000~\mu m$[71]。大量学者对三维随机取向的冰晶散射特性进行了计算,但从地面[73]与卫星[74-75]的实验数据发现,高层云中还存在着大量水平取向的冰晶粒子,这些粒子是引起云观测试验中的子日、晕环以及光弧等现象的根本原因[74-76],它们可能会对目标探测造成虚警,应予以重点考虑。本节对球形粒子和随机取向非球形粒子的散射特性计算方法进行了阐述,重点研究了水平取向冰云粒子镜向散射相函数的理论建模方法。

6.2.1　辐射传输计算中的散射理论

光在大气中进行辐射传输时,受气体分子、气溶胶以及云层粒子等介质的吸收与散射作用,其能量、传播方向与偏振状态将发生改变。吸收与散射都将导致光在传输方向上发生能量衰减,这种衰减统称为消光。

在矢量辐射传输理论中,单色光的强度与偏振态可由斯托克斯向量 $\boldsymbol{I} = \{I, Q, U, V\}$ 完整描述,分量 I 用于表征光束的强度信息,Q 和 U 用于描述其线偏振态,V 用于描述其圆偏振态。单次散射时的消光与散射过程可以用消光矩阵 $\boldsymbol{K}$ 与散射矩阵 $\boldsymbol{F}$ 进行数学描述,即

$$\frac{\mathrm{d}\boldsymbol{I}(\boldsymbol{n}_{\mathrm{in}})}{\mathrm{d}s} = -\boldsymbol{K}\boldsymbol{I}(\boldsymbol{n}_{\mathrm{in}}) \tag{6-15}$$

$$\boldsymbol{I}(\boldsymbol{n}_{\mathrm{in}}) = \frac{\lambda^2}{4\pi^2 R^2}\boldsymbol{F}\boldsymbol{I}(\boldsymbol{n}_{\mathrm{sc}}) \tag{6-16}$$

式中　$\boldsymbol{n}$——空间方向矢量,下标 in 与 sc 分别表示入射光束与散射光束;

s——沿 $\boldsymbol{n}_{\mathrm{in}}$ 方向的距离;

λ——波长;

R——散射体至接收器的距离。

由于 $\boldsymbol{K}$ 与 $\boldsymbol{F}$ 为 4×4 的矩阵,并且与光束的入射方向、散射方向,以及散射粒子的取向均有关系,因此在严格意义上研究粒子的散射特性非常困难。即使获取了完整的粒子散射特性,在矢量框架下对其进行辐射场解算同样难以完成。考虑到红外相机只关注测量对象的辐射强度信息,我们只在标量辐射传输理论框架下研究粒子的散射特性,忽略辐射传输中的二向色性。

对于单个粒子,可以使用消光截面 σ_e、单次反照率 ω_0 及散射相函数 P 等参数描述其单次散射特性。如图 6-6 所示,经过原点介质后,入射光 $I(\boldsymbol{n}_{\mathrm{in}})$ 一部分被吸收,一部分被

散射。消光截面与入射光通量的乘积表示经粒子散射与吸收后,入射光在 $\boldsymbol{n}_{\text{in}}$ 方向上减少的能量总和。同理,也可以定义散射截面 σ_{s} 和吸收截面 σ_{a},分别表示单个粒子的散射与吸收能力,即

$$\sigma_{\text{e}} = \sigma_{\text{s}} + \sigma_{\text{a}} \qquad (6-17)$$

散射截面与消光截面之比称为单次反照率,表示能量衰减中散射部分所占的比例,即

$$\omega_0 = \frac{\sigma_{\text{s}}}{\sigma_{\text{e}}} \qquad (6-18)$$

有时也用消光效率因子 Q_{e}、散射效率因子 Q_{s} 和吸收效率因子 Q_{a} 描述粒子的消光能力。其定义为截面与粒子在垂直于入射光束平面上的几何投影面积 A 之比,即

$$Q = \frac{\sigma}{A} \qquad (6-19)$$

相函数用于描述散射能量在空间各方向上的重新分配模式,以散射方向上的实际散射能量与各向同性散射时的散射能量之比表示,满足归一化条件:

$$\frac{1}{4\pi} \int_{4\pi} P(\boldsymbol{n}_{\text{sc}}) \, \mathrm{d}\boldsymbol{n}_{\text{sc}} = 1 \qquad (6-20)$$

云层中包含大量尺度不一、形状各异的冰水粒子,大气辐射传输计算中并不关心其中单个粒子的散射特性,而是关心整体粒子群的宏观散射特性,即全体粒子在尺度谱、形状谱以及取向谱上的散射特性平均。此时,一般用消光系数 k_{e} 描述介质(粒子群)的消光能力

$$k_{\text{e}} = \langle \sigma_{\text{e}} \rangle \cdot n_0 \qquad (6-21)$$

式中　$\langle \sigma_{\text{e}} \rangle$ ——粒子群的平均消光截面;

n_0——粒子数密度。k 的单位为 m^{-1},表示介质单位长度的消光能力

$$\frac{\mathrm{d}I(\boldsymbol{n}_{\text{in}})}{\mathrm{d}s} = -k_{\text{e}} \cdot I(\boldsymbol{n}_{\text{in}}) \qquad (6-22)$$

同理,也可以定义吸收系数 k_{a} 与散射系数 k_{s}。

对于球形粒子群或三维空间上随机取向的具有旋转对称性质的非球形粒子群,其在宏观上具有各向同性与镜像对称性质,消光系数和散射系数与入射光方向无关,相函数只取决于图 6-6 中的散射角 Θ。这里引入不对称因子 g 描述前向散射与后向散射的不对称性,定义为相函数的一阶矩

$$g = \frac{1}{2} \int_{-1}^{1} P(\cos \Theta) \cos \Theta \mathrm{d}\cos \Theta$$

g 的取值范围为 $(-1, 1)$,其越接近 1 表示前向散射越强,越接近 -1 则后向散射越强。各向同性散射时,g 等于 0,例如瑞利散射。

对于水平取向的非球形粒子群,其单次散射参数还取决于入射光的方向,这将导致大气辐射传输问题的复杂化(光学各向异性介质中的辐射传输问题),其在处理多次散射问题时尤为明显。天基红外测量相机更加关心水平取向冰云粒子在太阳镜向反射方向附近产生的散射峰值,而这一现象主要是由水平取向冰晶粒子特殊的散射相函数引起的。在此,重点开展水平取向冰晶粒子镜向散射相函数的建模研究。

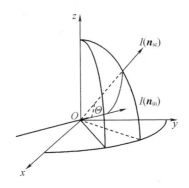

图 6-6 光散射示意图

6.2.2 球形粒子米氏散射

米氏散射理论是由麦克斯韦电磁波方程组在一定的边界条件下,经过严格的数学推导得到的均质球形粒子在电磁场中对平面波散射的精确解,它是描述光散射的严格理论。在米氏理论中,严格地给出了不同尺度、不同折射率粒子的散射特性。

入射光经单个均质球形粒子散射到 Θ 方向,散射光可以表示为两个互相垂直的偏振分量叠加,其强度分别为 $I_V(\Theta)$ 和 $I_P(\Theta)$。前者垂直于观测平面,而后者平行于观测平面。$I_V(\Theta)$ 和 $I_P(\Theta)$ 分别和强度分布函数 i_1,i_2 成正比,其表达式如下[170]:

$$i_1 = \left| \sum_{n=1}^{\infty} \frac{2n+1}{n(n+1)} \{ a_n \pi_n(\cos\Theta) + b_n \tau_n(\cos\Theta) \} \right|^2 \qquad (6-23)$$

$$i_2 = \left| \sum_{n=1}^{\infty} \frac{2n+1}{n(n+1)} \{ b_n \pi_n(\cos\Theta) + a_n \tau_n(\cos\Theta) \} \right|^2 \qquad (6-24)$$

π_n 和 τ_n 仅与散射角度有关:

$$\pi_n(\cos\Theta) = \frac{1}{\sin\Theta} P_n^{(1)}(\cos\Theta) \qquad (6-25)$$

$$\tau_n(\cos\Theta) = \frac{d}{d\Theta} P_n^{(1)}(\cos\Theta) \qquad (6-26)$$

式中,$P_n^{(1)}(\cos\Theta)$ 为关联勒让德多项式。

a_n 和 b_n 与波长 λ、粒子半径 r 及复折射系数 m 有关:

$$a_n = \frac{\psi_n'(m\chi)\psi_n(\chi) - m\psi_n(m\chi)\psi_n'(\chi)}{\psi_n'(m\chi)\zeta_n(\chi) - m\psi_n(m\chi)\zeta_n'(\chi)} \qquad (6-27)$$

$$b_n = \frac{m\psi_n'(m\chi)\psi_n(\chi) - \psi_n(m\chi)\psi_n'(\chi)}{m\psi_n'(m\chi)\zeta_n(\chi) - \psi_n(m\chi)\zeta_n'(\chi)} \qquad (6-28)$$

式中,$\chi = \dfrac{2\pi r}{\lambda}$ 为尺度参数。

ψ_n 与 ζ_n 分别与贝塞尔函数及汉开尔函数相关:

$$\psi_n(x) = \left(\frac{\pi x}{2} \right)^{1/2} J_{n+1/2}(x) \qquad (6-29)$$

$$\zeta_n(x) = \left(\frac{\pi x}{2} \right)^{1/2} H_{n+1/2}^{(2)}(x) \qquad (6-30)$$

式中,$J_{n+1/2}(x)$ 与 $H^{(2)}_{n+1/2}(x)$ 分别为半整数阶第一类贝塞尔函数与第二类汉开尔函数。

单个球形粒子的散射效率因子 Q_s、消光效率因子 Q_e、单散射反照率 ω_0 与散射相函数 $P(\Theta)$ 的计算公式如下:

$$Q_s = \frac{2}{\chi^2} \sum_{n=1}^{\infty} \left[(2n+1)(|a_n|^2 + |b_n|^2) \right] \qquad (6-31)$$

$$Q_e = \frac{2}{\chi^2} \sum_{n=1}^{\infty} \left[(2n+1)\mathrm{Re}(a_n + b_n) \right] \qquad (6-32)$$

$$\omega_0 = \frac{Q_s}{Q_e} \qquad (6-33)$$

$$P(\Theta) = \frac{2}{Q_s \chi^2}(i_1 + i_2) \qquad (6-34)$$

根据式(6-2)的伽马型粒子尺度分布函数以及表6-3给出的典型云层粒子分布参数 a、α 和 b[171],计算 2~5 μm 波段内由球形水滴构成的卷云、层云与积云的单散射反照率,以及它们在 2.7~2.95 μm 波段内的平均相函数,计算结果如图6-7与图6-8所示。可以看出,由于液态水在 2.7 μm 附近存在吸收峰值,水云在 2.7 μm 附近的单次反照率显著下降。层云和积云等低层水云的单次散射特性非常相近,而由水滴构成的卷云单次反照率相对较低,前向散射比重更大,后向散射相函数在 10^{-2} 量级左右。

表6-3　典型云层的粒子分布参数

云层类型	a	α	b
积云	2.604	3.000	0.500
层云	27.000	2.000	0.600
层积云	52.734	2.000	0.750
高层云	6.268	5.000	1.111
雨层云	7.676	2.000	0.425
卷云	0.012	6.000	1.500

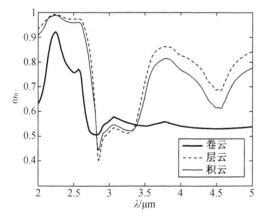

图6-7　典型水云单次反照率波长变化特性　　图6-8　典型水云相函数特性(2.7~2.95 μm)

6.2.3　随机取向非球形粒子的散射特性计算方法

由于冰云中粒子形状与尺度分布的多样性，导致多种尺度和形状冰晶的光散射的精确解仍没有找到，一种特定的方法并不能够用来解决与非球形冰晶有关的所有散射问题。FDTD 法可以适用于多种形状，但当粒子尺度大于 20 时，计算量变得非常庞大，受 CPU 时间与内存限制而无法继续计算；对于大粒子，通常采用 IGOM 法；粒子尺度在 20 左右时，FDTD 与 IGOM 存在分歧，Fu 等[172]与 Baran[173]将其归因于 IGOM 法中忽略了隧道效应。

为了解决不同计算方法之间的偏差，Fu 等[172]提出采用组合计算方案，利用 IGOM 与米氏散射的线性组合来解决中尺度的消光效率因子、吸收效率因子与不对称度因子的计算，通过调整两者的权重大小与 FDTD 结果平滑过渡；散射相函数的计算则分别利用 IGOM 与 FDTD 的独立结果各表示大尺度与小尺度情况。由于引入了米氏散射，需要对非球形粒子进行等效，将空心柱与板状等效为等体积的球体，其他形状等效为等体积－投影面积比的球体。以消光效率因子 Q_e 为例，波长 λ 处消光效率的组合计算结果为

$$Q_e(D) = \begin{cases} Q_{eFDTD}(D) & D \leqslant 20\,\dfrac{\lambda}{\pi} \\ C_1 Q_{eMie}(D) + C_2 Q_{eIGOM}(D) & D > 20\,\dfrac{\lambda}{\pi} \end{cases} \qquad (6-35)$$

式中　　$Q_e(D)$、$Q_{eFDTD}(D)$、$Q_{eMie}(D)$ 与 $Q_{eIGOM}(D)$——组合方案、FDTD 法、米氏理论与 IGOM 法的消光效率因子计算结果；

C_1 与 C_2——权重系数，依赖于波长与粒子的种类。

光滑过渡原则为

$$Q_{eFDTD}(D_c) = C_1 Q_{eMie}(D_c) + C_2 Q_{eIGOM}(D_c) \qquad (6-36)$$

式中，D_c 为 FDTD 法能求解的最大粒子长轴尺寸。

图 6-9 给出了随机取向的六角柱粒子，长宽比为 6，入射波长为 0.63 μm 的消光效率因子随尺度参数的变化。IGOM 在粒子尺度小于 15 时，由于固有的定域原理不再适用，计算误差越来越大（虚线部分）；FDTD 法在尺度参数小于 20 时有着较高的精度；在 15～20 之间为过渡区，应结合两者结果平滑衔接。

图 6-10 给出了利用组合方案法计算出的粒子长轴尺寸 D 为 10 μm 时，随机取向的聚合物粒子、实心六角柱粒子、子弹玫瑰花状粒子及六角平板粒子在 2～5 μm 波段内的单次散射特性随波长变化情况。与图 6-7 中的球形水滴相比，随机取向冰晶粒子的吸收峰值后移到 3 μm 附近，不对称因子同时出现高峰，散射能力以前向散射为主。可以预见，在同等消光能力下，冰云在 2.7 μm 的散射能力要强于水云。图 6-11 为非球形粒子在 2.7～2.95 μm 波段内的平均单次散射特性随 D 的变化曲线。随着粒子尺寸的逐渐增大，消光效率因子接近 2，吸收效率因子逐渐增大；不对称因子也趋于 1，后向散射几乎消失。Yang[161]等基于组合方案与 T 矩阵代码，计算了七种随机取向非球形粒子在短波到长波范围内的单次散射特性参数，并给出了相应粗光谱分辨率下的数据库，可用于非球

形粒子单次散射特性的快速计算。

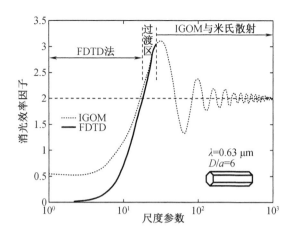

图 6 - 9 非球形粒子散射特性组合计算方案

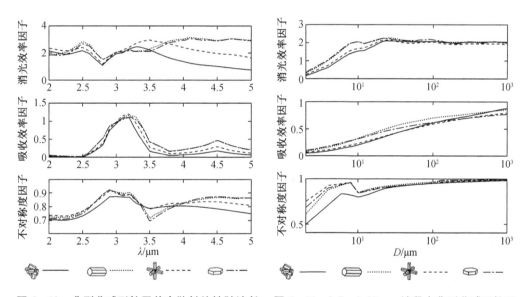

图 6 - 10 典型非球形粒子单次散射特性随波长变化情况

图 6 - 11 2.7~2.95 μm 波段内典型非球形粒子平均单次散射特性随长轴尺寸变化情况

根据观测到的典型冰云的形状谱[174](表 6 - 4),伽马分布参数 α 取 2,b 由冰云的有效直径 D_e 确定,计算冰云在 2.7~2.95 μm 波段内的平均散射相函数。计算结果如图 6 - 12 所示,可见不同有效直径的冰云相函数曲线非常接近,随着散射角的增大呈递减规律。可以估计,在卫星平台上观测,太阳入射角越大,反射能量越强。但是,随着 D_e 的增大,散射能量逐渐向前向散射方向集中,而天基测量比较关心的后向散射相函数基本保持在 10^{-2}~10^{-1} 量级左右,这与图 6 - 8 中的水云相当。

表 6-4 典型冰云粒子形状谱

$D/\mu m$	过冷水滴 /%	子弹玫瑰花 /%	六角实心 圆柱/%	聚合物 /%	平板/%	六角空心 圆柱/%
$D < 60$	100	0	0	0	0	0
$60 < D < 1\ 000$	0	15	50	0	35	0
$1\ 000 < D < 2\ 500$	0	0	45	10	0	45
$D > 2\ 500$	0	97	0	3	0	0

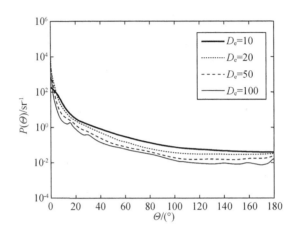

图 6-12 冰云在不同有效直径下的相函数特性

6.2.4 水平取向冰云粒子镜向散射相函数建模

1. 水平取向冰云粒子特性

水平取向的冰晶粒子以尺寸较大的柱状和平板状为主。Platt 指出[81],粒子雷诺数 Re(流体力学中的参数,定义为 $Re = \dfrac{vd}{\upsilon}$,其中 v 为下落速度,d 为冰晶直径,υ 为动力黏度)在 0.01 与 0.1 之间的平板,在空间保持为最大运动阻力的取向,如长轴保持在水平方向。当 $Re \geqslant 50$ 时,它们仍能保持取向以稳定速度下落,但由于湍流效应出现了一定的振颤(flutter),水平面围绕垂直轴以随机大小的倾角抖动。根据测量分析,振颤的最大倾斜角 θ_c 约为 5°,其分布假设为高斯型[175]

$$p(\theta_c) = \frac{\exp\left(-\dfrac{\theta_c^2}{2\sigma_c^2}\right)}{\sqrt{2\pi}\sigma_c} \tag{6-37}$$

简单起见,这里主要讨论圆形平板的冰晶粒子,但研究思路同样适用于其他形状。

2. 坐标系定义

为了便于建模,首先定义以下三种坐标系:粒子本体坐标系 $OX_bY_bZ_b$、入射坐标系 $OX_iY_iZ_i$ 和反射坐标系 $OX_rY_rZ_r$,如图 6-13(a)。当不存在振颤时,三个坐标系 X 轴重合,ZOY 位于共同的子午面内。本体坐标系与粒子本体固连,入射坐标系 Z_i 轴与入射方向相反;反射坐标系 Z_r 轴沿镜向反射方向(以下简称镜反方向),即 $\theta_r = \theta_i$ 且 Z_i 轴与 Z_r 轴共面。入射光束沿图中的 i 方向,镜向反射沿图中的 r 方向,粒子法线方向 n 沿 Z_b 轴负方向。于是单位矢量 r、i 与 n 的关系为

$$r = i - 2(i \cdot n)n \qquad (6-38)$$

$$n = \frac{(i-r)}{|i-r|} \qquad (6-39)$$

当粒子存在一定规律的振颤后,X_i、X_r 与 X_b 不再重合,平面 ZOY 之间存在方位角差异,此时随机取向散射特性计算方法不再适用,特别是镜反方向的光强幅度与分布受到了粒子振颤规律的调制。通过建立镜反方向的散射计算模型,不仅可用于定量分析镜反光强对红外相机探测性能的影响程度,同时,从散射的反问题角度来看,可利用镜反部分的信息来提取冰云的微物理参数。

单位矢量 s 在球坐标中用角度 $\theta \in [0,\pi]$ 与 $\varphi \in [0,2\pi]$ 表示为[图 6-13(b)]

$$s = (\cos\varphi\sin\theta, \sin\varphi\sin\theta, \cos\varphi)^T \qquad (6-40)$$

式中　θ——天顶角,以 $+Z$ 轴为起始;

　　　φ——方位角,以 $+X$ 轴为起始。沿旋转轴方向看,顺时针为正。

入射坐标系 $OX_iY_iZ_i$ 至反射坐标系 $OX_rY_rZ_r$ 的变换矩阵为

$$M_{i \to r} = R_y(\theta_r)R_z(\varphi_r) \qquad (6-41)$$

式中　R_y、R_z——绕 Y 轴与 Z 轴的旋转矩阵;

　　　θ_{ri}、φ_{ri}——反射方向的在入射坐标系下的天顶角与方位角。

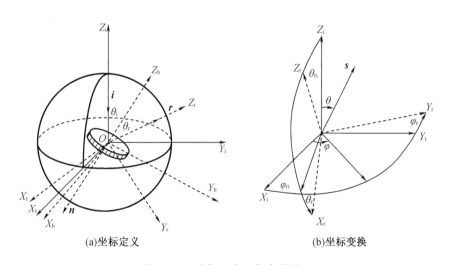

(a)坐标定义　　　　　　　　　　　　(b)坐标变换

图 6-13　坐标系定义与变换关系

3. 镜向散射相函数建模

水平取向的平板粒子,通常其厚度较小,可看作是单个反射表面。平面电磁波沿着 i 方向入射至平板上表面后向各个方向散射,其中沿镜反方向 r 的散射主要包括直接反射与远场夫琅和费衍射,此外衍射效应使得光强在镜反方向周围出现一定大小的弥散,因

此镜向散射特性的研究应包括光强与空间分布两个方面。由于散射相函数可表征不同方向的散射能力与平均散射能力之比,下面主要针对二维散射相函数展开讨论。

根据散射理论,粒子的微分散射截面 $\sigma(\theta,\varphi)$ 用于描述单位光强入射时,粒子向 (θ,φ) 方向单位立体角内所散射的光能量,具有面积的量纲。相函数 $P(\theta,\varphi)$、$\sigma(\theta,\varphi)$ 与总散射截面 σ_s 的关系为[160]

$$P(\theta,\varphi) = \frac{4\pi\sigma(\theta,\varphi)}{\sigma_s} \tag{6-42}$$

$$\sigma_s = \int_{4\pi}\sigma(\theta,\varphi)\,\mathrm{d}\boldsymbol{\Omega} \tag{6-43}$$

二维镜向散射相函数建模的主要思路为:首先建立镜反方向附近的散射微分截面积的计算模型,然后结合振颤平板的法线方向概率密度函数,得到平均散射微分截面积,最后经归一化后得到镜反方向附近的二维散射相函数。

图 6-14 给出了圆形平板粒子的镜向反射几何示意图,$\boldsymbol{n}'$ 与 $\boldsymbol{r}'$ 分别为振颤后的粒子平面法线与镜向反射方向。

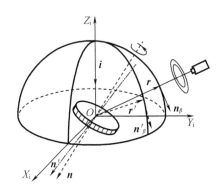

图 6-14 镜向反射几何示意

根据菲涅尔反射公式,对垂直与平行于参考面的电矢量,其菲涅尔反射系数 R_1 与 R_2 为[176]

$$R_1^2 = \frac{(\cos\theta_i - u)^2 + v^2}{(\cos\theta_i + u)^2 + v^2} \tag{6-44}$$

$$R_2^2 = \frac{[(m_r^2 - m_i^2)\cos\theta_i - u]^2 + (2m_r m_i \cos\theta_i - v)^2}{[(m_r^2 - m_i^2)\cos\theta_i + u]^2 + (2m_r m_i \cos\theta_i + v)^2} \tag{6-45}$$

$$u^2 = \frac{1}{2}\left\{m_r^2 - m_i^2 - \sin^2\theta_i + \left[(m_r^2 - m_i^2 - \sin^2\theta_i)^2 + 4m_r^2 m_i^2\right]^{\frac{1}{2}}\right\} \tag{6-46}$$

$$v^2 = \frac{1}{2}\left\{-(m_r^2 - m_i^2 - \sin^2\theta_i) + \left[(m_r^2 - m_i^2 - \sin^2\theta_i)^2 + 4m_r^2 m_i^2\right]^{\frac{1}{2}}\right\} \tag{6-47}$$

式中 m——晶体反射率,$m = m_r - \mathrm{i}m_i$;

θ_i——入射光线与表面法线的夹角。对自然光有

$$R = \frac{1}{2}(R_1^2 + R_2^2) \tag{6-48}$$

令平板面积为 A，观测投影面与镜反方向 r 垂直，其投影面积为 A'，且投影前后的平板形状有所不同，沿投影面的子午方向 n_β 压缩了 β 倍，$A' = \beta A$，根据矢量运算有

$$n_\beta = \frac{[n - (n \cdot r)r]}{|n - (n \cdot r)r|} \tag{6-49}$$

$$\beta = |i \cdot n| \tag{6-50}$$

为了便于描述，建立投影平面坐标系 $O_pX_pY_p$，如图 6-15 所示，Y_p 轴沿 n_β 方向，X_p 轴垂直于反射矢量 r 与 O_iO_p 构成的平面，令散射矢量 s 与反射方向 r 的相对矢量 $s - r$ 在 OX_pY_p 平面内投影矢量为 w。

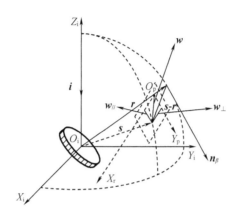

图 6-15 投影平面几何示意

对于半径为 a 的圆形平板，在投影平面内的形状为椭圆，散射方向 s 的远场夫琅和费衍射为椭圆函数的二维傅里叶变换为[177]

$$F_{i,n}(s-r) = I_0 \left(\frac{2J_1\left(ka\sqrt{(w_{/\!/}\beta)^2 + w_\perp^2}\right)}{ka\sqrt{(w_{/\!/}\beta)^2 + w_\perp^2}} \right)^2 \tag{6-51}$$

式中　$J_1(x)$——一阶贝塞尔函数；

$\quad I_0$——光轴点的光强，$k = \dfrac{2\pi}{\lambda}$；

$\quad w_{/\!/}$、$w_\perp$——w 在投影坐标系中相对于 Y_p 轴的纵向与横向分量；

$\quad F_{i,n}$——衍射分布，满足归一化条件 $\int F_{i,n}(s-r)\mathrm{d}s = 1$。

综合考虑反射与衍射效应，散射波的微分散射截面积可写为

$$\sigma(s,i) = A|i \cdot n|R(i \cdot n)F_{i,n}(s-r) \tag{6-52}$$

当粒子存在振颤，其平面法线的方向概率密度为 $p(n)$，且满足 $\int p(n)\mathrm{d}n = 1$，则平均微分散射截面积为

$$\langle \sigma(s,i) \rangle = A\int |i \cdot n|R(i \cdot n)F_{i,n}(s-r)p(n)\mathrm{d}n \tag{6-53}$$

式中，$\langle \cdot \rangle$ 为平均运算。

由式(6-38)可知，反射矢量 r 随法线方向 n 变化，若 n 在入射坐标系中的天顶角与

方位角分别为 θ 与 φ，则 $\boldsymbol{r}$ 的天顶角与方位角为 $\pi+2\theta$ 与 φ。根据球面坐标系的雅克比矩阵 $\boldsymbol{J}=\rho^2\sin\varphi$，求得当天顶角与方位角发生变化后，单位球面矢量 $\boldsymbol{n}$ 的变化量为 $\mathrm{d}\boldsymbol{n}=\sin\theta\mathrm{d}\theta\mathrm{d}\varphi$，于是有

$$\frac{\mathrm{d}\boldsymbol{n}}{\mathrm{d}\boldsymbol{r}}=\left|\frac{\sin\theta\mathrm{d}\theta\mathrm{d}\varphi}{\sin(\pi+2\theta)\mathrm{d}(\pi+2\theta)\mathrm{d}\varphi}\right|=\left|\frac{1}{4\cos\theta}\right|=\left|\frac{1}{4|\boldsymbol{i}\cdot\boldsymbol{n}|}\right| \qquad (6-54)$$

将式 $(6-54)$ 代入式 $(6-53)$，可消去 $|\boldsymbol{i}\cdot\boldsymbol{n}|$，有

$$\langle\sigma(\boldsymbol{s},\boldsymbol{i})\rangle=\left(\frac{A}{4}\right)\int R(\boldsymbol{i}\cdot\boldsymbol{n}(\boldsymbol{r}))F_{\mathrm{i,n(r)}}(\boldsymbol{s}-\boldsymbol{r})p(\boldsymbol{n}(\boldsymbol{r}))\mathrm{d}\boldsymbol{r} \qquad (6-55)$$

令 $\langle\gamma(\boldsymbol{s},\boldsymbol{i})\rangle=\left(\dfrac{A}{4}\right)R(\boldsymbol{i}\cdot\boldsymbol{n}(\boldsymbol{s}))p(\boldsymbol{n}(\boldsymbol{s}))$ 为散射方向 $\boldsymbol{s}$ 来自入射光反射的微分散射截面积，于是有

$$\langle\sigma(\boldsymbol{s},\boldsymbol{i})\rangle=\int\langle\gamma(\boldsymbol{r},\boldsymbol{i})\rangle F_{\mathrm{i,n(r)}}(\boldsymbol{s}-\boldsymbol{r})\mathrm{d}\boldsymbol{r} \qquad (6-56)$$

式 $(6-56)$ 与卷积运算极为相似，但由式 $(6-51)$ 可以看出，F 的函数形式随着矢量 $\boldsymbol{s}-\boldsymbol{r}$ 发生变化，式 $(6-56)$ 并不是严格意义上的卷积过程。因此一定振颤下的水平取向粒子的微分散射截面积为 γ 与 F 的广义二维卷积，与振颤平面法线方向概率密度、反射与衍射函数有关。振颤粒子的镜反散射在空间上为菲涅尔反射对远场衍射效应的平滑。

总散射截面积 σ_{s} 可看作是投影面积 A' 对法线方向概率密度 $p(\boldsymbol{n})$ 求平均，即

$$\sigma_{\mathrm{s}}=\int A'R(\boldsymbol{i}\cdot\boldsymbol{n})p(\boldsymbol{n})\mathrm{d}\boldsymbol{n} \qquad (6-57)$$

于是镜反方向附近的相函数可写成

$$P(\boldsymbol{s},\boldsymbol{i})=4\pi\frac{\langle\sigma(\boldsymbol{s},\boldsymbol{i})\rangle}{\sigma_{\mathrm{s}}} \qquad (6-58)$$

如果将振颤平面法线方向的概率密度分布函数式 $(6-37)$ 取为 $0°\sim180°$ 的均匀分布，即可得到随机取向时的散射相函数[177]。

图 $6-16$ 给出了在笛卡尔坐标系与极坐标系中镜向散射相函数的示意图。相函数的空间区域分布主要取决于振颤的最大倾角以及衍射斑的角直径 θ_{d}，法线最大倾斜角为 θ_{c}，则镜向散射相函数在天顶角方向上的角半径约为 $2\theta_{\mathrm{c}}+\theta_{\mathrm{d}}$。

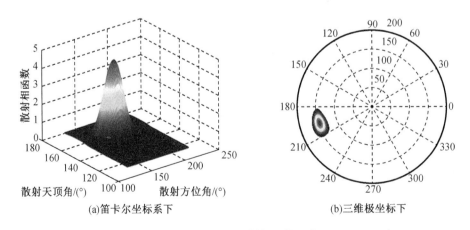

(a)笛卡尔坐标系下   (b)三维极坐标下

图 6-16 镜向散射相函数示意

4. 基于 T 矩阵法的镜反模型验证

选用 T 矩阵法对镜反散射模型进行比对验证。T 矩阵法是计算中等尺度参数单个或复合非球形粒子电磁波散射的有效方法之一,它具有计算快速准确的特点,其计算结果通常作为标称值来验证其他方法的计算精度。经过不断改进,T 矩阵法已经能够适应于尺度参数大于 100 的粒子散射计算,可对几何光学近似结果进行检验[178]。

T 矩阵法的理论核心是把散射场的矢量球谐函数的展开系数用入射场的矢量球谐函数的展开系数来表示,中间的表示矩阵就是 T 矩阵[179],这里不对 T 矩阵的计算方法做详细讨论。Mishchenko 开发了随机与固定取向的非球形粒子的 T 矩阵代码,选用固定取向散射代码的计算结果进行比对[180]。

在 T 矩阵法中,为了描述某固定取向非球形粒子对平面电磁波的散射,定义了在空间取向固定的笛卡尔右手坐标系 $OX_lY_lZ_l$,称为实验室坐标系,在该坐标系内指定入射与散射波以及粒子取向的方向。对存在振颤的水平取向粒子,选择粒子稳定时的平面法线方向作为实验室坐标系的 $+Z$ 轴,此时实验室坐标系与图 6-13 中定义的粒子本体坐标系一致。为了更好地描述散射相函数,定义散射坐标系 $OX_sY_sZ_s$,Z_s 轴沿入射光 i 方向,主方位角平面 OX_sY_s 使 i 与镜反方向 r 的方位角均为 0(i 与 r 位于 OX_sZ_s 平面内)。散射方向用 $OX_sY_sZ_s$ 坐标系内的散射天顶角 θ_s 与方位角 φ_s 表示。

采用 MC 法模拟粒子振颤,使粒子倾斜角按式(6-37)所示的高斯分布变化,方位角在 $0° \sim 360°$ 之间均匀变化,振颤的最大倾角 $\theta_c = 5°$。随机仿真 10^5 次,使随机误差控制在 10% 以内[91],可将其视为精确值。为了验证建立出的镜向散射相函数模型的计算精度,设计了如表 6-5 所示的四组实验,分别利用模型、T 矩阵与 MC 法(简称为 T-MC 法)计算镜向散射相函数,计算结果见图 6-17 ~ 图 6-20,极坐标的极径表示散射天顶角,极角表示散射方位角。由计算结果可以看出,两种方法计算出的镜向散射相函数分布非常接近,相函数峰值均出现在严格意义上的镜反方向。峰值附近的相函数随着偏离镜反方向程度的增大迅速下降,但沿散射天顶角方向的下降速度要远快于沿散射方位角方向。表 6-6 比较了四组实验中模型法与 T-MC 法计算出的镜向散射相函数峰值,模型法的计算结果要略大于 T-MC 法,相对计算误差小于 20%,能够表征水平取向冰云在镜向方向附近的散射特性。与图 6-8 和图 6-12 比较,随机取向冰晶粒子和球形粒子的后向散射相函数一般处于 10^{-1} 和 10^{-2} 量级,而水平取向冰晶粒子在镜反方向的相函数可以高达 10^0 量级。这意味着天基观测条件下,水平取向冰云在镜反观测角度上的辐射亮度会突然提高 1 ~ 2 个量级,很有可能引起目标探测中的虚警问题,在相关系统的设计与研制中需要重点考虑。

理论上,模型法对尺度参数较大的粒子也同样适用,可弥补 T-MC 法仅适用于中小尺度的局限。实际观测发现,平板粒子的直径一般在 60 ~ 1 000 μm 之间[174],在 2.7 μm 波段下,尺度参数在 70 ~ 1 164 之间,此时 T-MC 法求解已经不再收敛,但模型法仍可适用。此外,从计算效率上讲,模型法无需耗时的随机模拟过程,计算时间成本更低。

表 6 – 5   模型验证实验设计表（入射角定义在实验室坐标系下）

波长/μm	尺度参数 χ	入射角 $[\theta_i,\varphi_i]/(°)$	实验编号
2.725	35	$[10,0]$	E1
	35	$[40,0]$	E2
4.240	25	$[10,0]$	E3
	25	$[40,0]$	E4

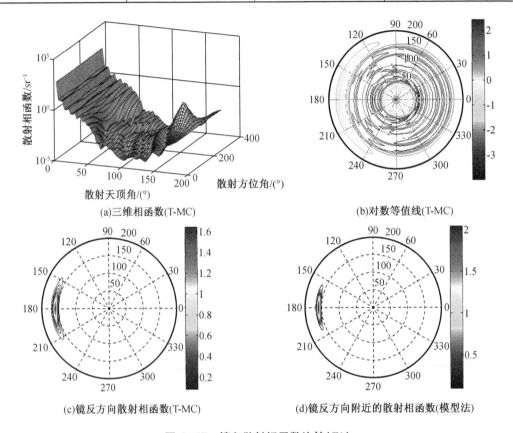

(a)三维相函数(T-MC)　　　　　　(b)对数等值线(T-MC)

(c)镜反方向散射相函数(T-MC)　　(d)镜反方向附近的散射相函数(模型法)

图 6 – 17   镜向散射相函数比较（E1）

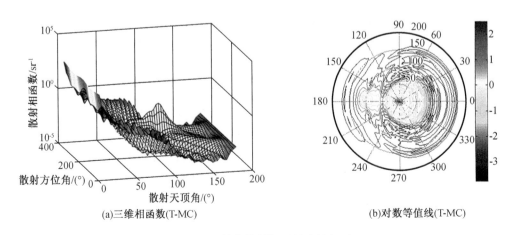

(a)三维相函数(T-MC)　　　　　　(b)对数等值线(T-MC)

图 6 – 18   镜向散射相函数比较（E2）

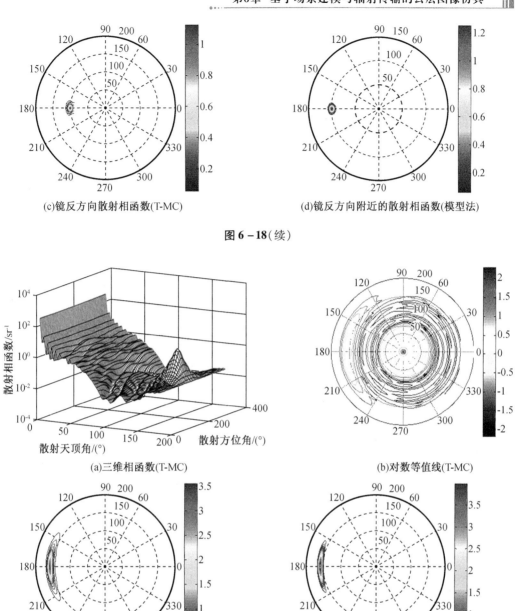

(c)镜反方向散射相函数(T-MC)　　(d)镜反方向附近的散射相函数(模型法)

图 6 - 18(续)

(a)三维相函数(T-MC)　　(b)对数等值线(T-MC)

(c)镜反方向散射相函数(T-MC)　　(d)镜反方向附近的散射相函数(模型法)

图 6 - 19　镜向散射相函数比较(E3)

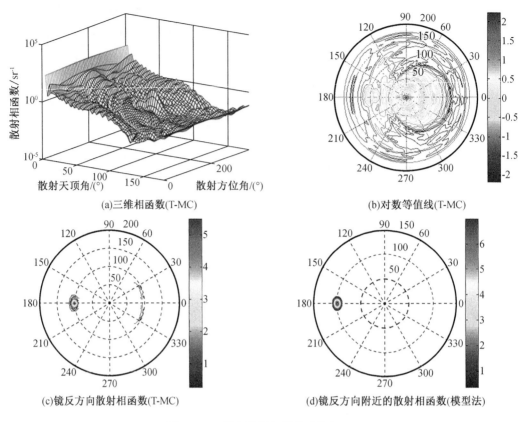

(a)三维相函数(T-MC)

(b)对数等值线(T-MC)

(c)镜反方向散射相函数(T-MC)

(d)镜反方向附近的散射相函数(模型法)

图 6 - 20　镜向散射相函数比较(E4)

表 6 - 6　镜向散射相函数模型验证结果

计算方法	峰值大小/sr^{-1}			
	E1	E2	E3	E4
T - MC 法	1.727	1.178	3.716	5.756
模型法	2.040	1.310	4.178	6.814

6.3　三维有云大气辐射传输建模

6.3.1　三维有云大气有限元模型

　　云的空间分布在水平和垂直方向上都存在很强的非均匀性;而大气在水平方向上分布相对比较均匀,但在垂直方向上变化较大。考虑到云和大气在空间上的分布差异,将三维含云场景的有限元模型划分为主区域部分和边界外扩展区域两个部分,如图 6 - 21

所示。主区域部分的主体为三维云层网格区域,存储了云层在各个立方网格体顶点的散射特性,包括消光系数 $k(x,y,z)$、单次反照率 $\omega_0(x,y,z)$ 和相函数 $P(x,y,z)$。三维云层网格区域的上下部分为平行平板大气区域,该区域的散射特性仅与高度(气压)有关,与水平方向无关,这样不但能够较为准确地描述含云大气空间散射特性分布特点,并且可以节省大量计算资源。边界外扩展区域是主区域在水平方向的扩展,完全由平行平板大气构成,该部分的作用主要是为了消除模型在水平方向的边界效应,辐射能量与介质的相互作用仅发生在上下边界之间。

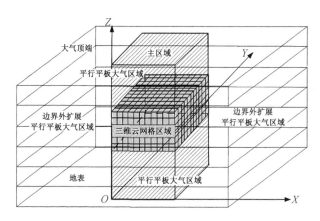

图 6 – 21　三维含云大气的有限元模型

6.3.2　三维有云大气辐射传输计算

在只考虑稳态(不随时间变化)辐射的情况下,大气的单色三维辐射传输基本标量方程可以写成

$$\frac{\mathrm{d}I(s,\boldsymbol{\Omega})}{\mathrm{d}s} = -k(s)\left[I(s,\boldsymbol{\Omega}) - J(s,\boldsymbol{\Omega})\right] \tag{6-59}$$

式中　$\boldsymbol{\Omega}$——辐射方向矢量;

　　　s——三维空间的位置矢量;

　　　$k(s)$——s 处的消光系数;

　　　J——大气辐射的源函数;

　　　$I(s,\boldsymbol{\Omega})$——辐射亮度。

为了简洁起见,该式省略了波数变量 v。式(6-59)的解析解为

$$I(s,\boldsymbol{\Omega}) = \exp\left[-\int_{s_0}^{s} \mathrm{k}(s')\,\mathrm{d}s'\right]I(s_0,\boldsymbol{\Omega}) + \int_{s_0}^{s} exp\left[-\int_{s'}^{s}\mathrm{k}(\mathrm{t})\,dt\right]J(s',\boldsymbol{\Omega})k(s')\,\mathrm{d}s'$$

$$\tag{6-60}$$

式中,$I(s_0,\boldsymbol{\Omega})$ 为传输路径(一阶偏微分方程中的特征线)初始位置 s_0 沿 $\boldsymbol{\Omega}$ 方向的辐射。

消光系数沿特征线方向的积分即为传输路径上的光学厚度

$$\int_{s_0}^{s} k(s')\,\mathrm{d}s' = \tau_{s_0}^{s} \tag{6-61}$$

光学厚度 τ 与透过率 T 存在负指数关系

$$T_{s_0}^{s} = \exp(-\tau_{s_0}^{s}) \qquad (6-62)$$

式(6-60)可以改写为

$$I(s,\boldsymbol{\Omega}) = T_{s_0}^{s}I(s_0,\boldsymbol{\Omega}) + \int_{s_0}^{s} T_{s'}^{s}J(s',\boldsymbol{\Omega})k(s')\,\mathrm{d}s' \qquad (6-63)$$

式(6-63)拥有明确的物理意义,其右侧第一项表示初始入射 $I(s_0,\boldsymbol{\Omega})$ 经透过率衰减后对辐射输出的贡献,第二项则表示辐射传输路径上源函数 $J(s,\boldsymbol{\Omega})$ 对辐射输出的贡献叠加。

如图6-22所示,在6.3.1节中的三维含云大气有限元模型中,设辐射传输在一个单元网格体上的入射点和出射点位置分别为 $s_0(x_0,y_0,z_0)$ 和 $s_1(x_1,y_1,z_1)$,这两点的散射特性可以由其所在面的四个顶点的散射特性双线性插值获得。为了能够快速有效地计算式(6-63),假设消光系数在传输路径 $s_0 \rightarrow s_1$ 线性变化,即

$$k(s') = k(s_0) + [k(s_1) - k(s_0)]\frac{\|s'-s_0\|}{\|s_1-s_0\|} \qquad (6-64)$$

式中 s' —— $s_0 \rightarrow s_1$ 上的任意一点;

     $\|s'-s_0\|$、$\|s_1-s_0\|$ —— s' 与 s_0 之间、s_0 与 s_1 之间的距离。

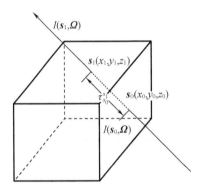

图 6-22　辐射路径穿过单个网格体

此时,$s_0 \rightarrow s_1$ 之间的任意两点 s_a 和 s_b 之间的透过率为

$$T_{s_a}^{s_b} = \exp\left\{-\frac{1}{2}[k(s_a) + k(s_b)] \cdot \|s_a - s_b\|\right\} \qquad (6-65)$$

同时假设单个网格体内,源函数与消光系数之积也随 $s_0 \rightarrow s_1$ 线性变化,出射辐射亮度 $I(s_1,\boldsymbol{\Omega})$ 可以采用 Evans 推荐的组合法快速计算:

当 $\tau_{s_0}^{s_1} \leqslant 2$ 时

$$I(s_1,\boldsymbol{\Omega}) = T_{s_0}^{s_1}I(s_0,\boldsymbol{\Omega}) + (1 - T_{s_0}^{s_1}) \times$$
$$\left\{\frac{J(s_0)k(s_0) + J(s_1)k(s_1)}{k(s_0) + k(s_1)} + \frac{k(s_0)J(s_1)k(s_1) - k(s_1)J(s_0)k(s_0)}{6[k(s_0) + k(s_1)]}\right\}$$
$$(6-66)$$

当 $\tau_{s_0}^{s_1} > 2$ 时

$$I(s_1,\boldsymbol{\Omega}) = T_{s_0}^{s_1}I(s_0,\boldsymbol{\Omega}) + \frac{1}{k(s_0)+k(s_1)}(1-T_{s_0}^{s_1}) \times$$

$$\left\{k(s_0)J(s_0)+J(s_1)k(s_1)+\left[k(s_0)J(s_1)k(s_1)-k(s_1)J(s_0)k(s_0)\right] \times\right.$$

$$\left.\frac{2}{k(s_0)+k(s_1)}\left(1-\frac{2}{\tau_{s_0}^{s_1}}+\frac{2T_{s_0}^{s_1}}{1-T_{s_0}^{s_1}}\right)\right\} \tag{6-67}$$

当辐射路径穿过某一单元网格体到达相邻的单元网格体时,第二个网格体的入射辐射即为第一个网格体的出射辐射。因此,当已知辐射路径穿过的所有网格体交点位置及这些位置的散射特性和源函数时,结合初始辐射条件,可以根据式(6-66)和式(6-67)逐段计算出最终的出射辐射。对于平行平板大气区域,只需计算其各层边界的散射特性与源函数。

6.3.3 红外吸收波段辐射场快速解算方法

由式(6-59)可知,辐射传输计算的关键在于源函数的求解,完整的源函数 $J(s,\boldsymbol{\Omega})$ 由三部分组成:

$$J(s,\boldsymbol{\Omega}) = J_{ss}(s,\boldsymbol{\Omega}) + J_{ms}(s,\boldsymbol{\Omega}) + J_{th}(s,\boldsymbol{\Omega}) \tag{6-68}$$

式中　$J_{ss}(s,\boldsymbol{\Omega})$——单次散射产生的源函数,表征太阳辐射在位置 s 沿 $\boldsymbol{\Omega}$ 方向的直接散射;

　　$J_{ms}(s,\boldsymbol{\Omega})$——多次散射源函数;

　　$J_{th}(s,\boldsymbol{\Omega})$——热辐射源函数,表征位置 s 的热辐射在 $\boldsymbol{\Omega}$ 方向的贡献。

它们的表达式分别为[80]

$$J_{ss}(s,\boldsymbol{\Omega}) = \frac{\omega_0(s)}{4\pi}F(s,\boldsymbol{\Omega}_0)P(s;\boldsymbol{\Omega},\boldsymbol{\Omega}_0) \tag{6-69}$$

$$J_{ms}(s,\boldsymbol{\Omega}) = \frac{\omega_0(s)}{4\pi}\iint\limits_{4\pi}I(s,\boldsymbol{\Omega}')P(s;\boldsymbol{\Omega},\boldsymbol{\Omega}')\mathrm{d}\boldsymbol{\Omega}' \tag{6-70}$$

$$J_{th}(s,\boldsymbol{\Omega}) = (1-\omega_0(s))B(T(s)) \tag{6-71}$$

式中　$\boldsymbol{\Omega}_0$——太阳的入射方向;

　　$F(s,\boldsymbol{\Omega}_0)$——到达 s 处的太阳直接辐射通量;

　　$P(s;\boldsymbol{\Omega},\boldsymbol{\Omega}')$——归一化后由 $\boldsymbol{\Omega}'$ 方向散射至 $\boldsymbol{\Omega}$ 方向的相函数;

　　$\omega_0(s)$——空间位置 s 处的单次反照率;

　　$B(T)$——温度 T 时的普朗克函数。

空间位置 s 点处的热辐射源函数完全取决于该点的温度,可由大气的温度廓线在该高度的插值获得。单次散射部分可以写成

$$J_{ss}(s) = \frac{\omega_0(s)}{4\pi}F_0\exp(-\tau_s)P(s,\Theta) \tag{6-72}$$

式中　Θ——散射角;

　　F_0——太阳辐射到达网格上边界的初始辐射通量;

τ_s——太阳入射光线到达 s 处所经过的光学厚度,可以通过先行计算到达 s 点入射光线的路径,再对光线经过的每一个单元格的光学厚度进行累加的方式获得。

源函数的计算难点在于处理多次散射源函数,多次散射过程会将不同位置和方向的辐射亮度耦合起来,使辐射传输计算的复杂程度发生质的变化,一般需要经过多次迭代求解。根据表 6-7 的条件,利用 MODTRAN 对包含卷云的大气进行了上行辐射分解计算,结果如图 6-23 所示。可以发现,在 2.7 μm 附近,卷云的辐射亮度主要取决于单次散射,而 4.3 μm 附近的上行辐射则主要取决于大气自身的热辐射,究其原因主要是大气和云层在红外吸收波段内的散射能力较弱所致。因此,在对源函数进行计算时可以忽略掉多次散射部分,仅考虑热辐射和单次散射,在保证计算精度的同时简化计算过程,节约计算成本。实际上,高层冰云在 2.7 μm 附近的散射能力仍然较强,多次散射占据了总辐射的相当比重,采用单纯、单次散射近似可能会造成较大误差。为了应对这种情况,在计算单次散射源函数时利用 Adamson 提出的修正系数进行多次散射补偿[181]:

$$J'_{ss} = \frac{1 - \omega_0}{\omega_0} J_{ss} \qquad (6-73)$$

式中 $J'_{ss}(s, \Omega)$——修正后的单次散射源函数;

$\dfrac{(1 - \omega_0)}{\omega_0}$——修正系数。

业已证明,当 $\omega_0 < 0.9$ 时,该修正方法在云层反射率计算中拥有很好的效果,理论上也应当适用于上行辐射亮度的计算。

表 6-7   MODTRAN 卷云计算条件

计算条件	计算条件设置
大气廓线数据	1976 美国标准大气
视线天顶角/(°)	180
太阳天顶角/(°)	0
气溶胶模型	无
卷云高度/km	10 ~ 11
地表温度/反照率	300 K/0.30
波段范围/μm	2 ~ 5

从图 6-23 中可以同时发现,由于红外吸收波段对近地辐射的强抑制特性以及云层本身的强吸收特性,地表边界条件对云层顶端的上行辐射几乎没有影响,地面的反射和热辐射作为上行传输路径上的初始入射可以认为是 0。但这一假设在计算非绝对吸收谱段无云区域大气顶端辐射时精度较差,更通用的做法是只考虑地表对太阳直接入射的反射及自身的热辐射,忽略对下行漫射通量的反射作用,这样既避免了多次散射的求解过程,又可以提高无云大气上行辐射的计算精度,具体方法可以参见式(6-68)。当边界条件已知后,任意上行方向的辐射亮度可以通过式(6-63)快速计算。

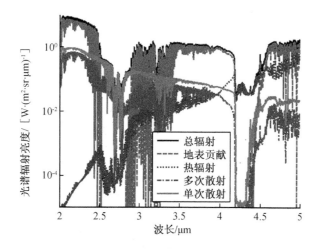

图 6-23 含卷云大气上行辐射分解

6.3.4 天基探测器像面辐射亮度计算

根据中心投影定理,探测器像元所接受的辐射可以近似认为是该像元物方共轭点对应主光线方向的辐射亮度。图 6-24 为三维场景与探测器之间的几何关系示意图,$OXYZ$ 为主区域部分的笛卡尔坐标系,$S(X_0, Y_0, Z_0)$ 为天基相机焦面 iFj 的投影中心,H 为焦面的中心点。$Sxyz$ 为相机焦平面所在平面坐标系,z 轴即为探测器焦平面法线方向,与相机的视线方向相反,其天顶角、方位角和旋转角分别为 θ、φ 和 κ。天顶角恒为正,方位角由 X 轴正方向起始,逆时针为正。TD 为太阳的入射方向,其天顶角和方位角分别为 θ_0 与 φ_0。对于焦面上的某个像元 $P(i,j)$ 来说,其对应的主光线方向 DSP 的天顶角和方位角分别用 θ' 和 φ' 表示。

假设相机焦面在 x 方向的像元数为 N_x,角分辨率为 $\Delta\theta_x$;在 y 方向的像元数为 N_y,角分辨率为 $\Delta\theta_y$;像元 $P(i,j)$ 主光线 DSP 在 Sxz 平行平面上的投影 PL 与 z 轴的张角为 ϕ_x,在 yz 平行平面上的投影 PM 与 z 轴的张角为 ϕ_y,ϕ_x 和 ϕ_y 有如下的表达式

$$\phi_x = (i - N_x/2 - 1) \cdot \Delta\theta_x \qquad (6-74)$$

$$\phi_y = (j - N_y/2 - 1) \cdot \Delta\theta_y \qquad (6-75)$$

在 ϕ_x、ϕ_y 较小的情况下,可以推导出主光线 DSP 的天顶角和方位角:

$$\theta' = \arccos\left[\frac{\cos u(\cos(\theta+v))}{\sqrt{1-\sin^2 u\sin^2 v}}\right] \qquad (6-76)$$

$$\varphi' = \arctan\left[\frac{B(u,v,\theta,\varphi)}{A(u,v,\theta,\varphi)}\right] + \gamma \qquad (6-77)$$

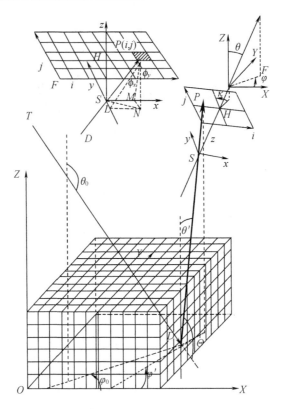

图 6-24 探测器像元成像几何关系

其中

$$A(u,v,\theta,\varphi) = -\sin\varphi\tan v - \cos\varphi\cos\theta\tan u + \cos\varphi\sin\theta \qquad (6-78)$$

$$B(u,v,\theta,\varphi) = \cos\varphi\tan v - \sin\varphi\cos\theta\tan u + \sin\varphi\sin\theta \qquad (6-79)$$

$$\begin{bmatrix} v \\ u \end{bmatrix} = \begin{bmatrix} \cos\kappa & -\sin\kappa \\ \sin\kappa & \cos\kappa \end{bmatrix} \begin{bmatrix} \phi_x \\ \phi_y \end{bmatrix} \qquad (6-80)$$

$$\gamma = \begin{cases} 0 & A\geqslant 0, B\geqslant 0 \\ 2\pi & A\geqslant 0, B<0 \\ \pi & A<0 \end{cases} \qquad (6-81)$$

DSP 的散射角 Θ 为

$$\cos\Theta = \cos\theta'\cos\theta_0 + \sin\theta'\sin\theta_0\cos(\varphi'-\varphi_0) \qquad (6-82)$$

主光线在场景网格的上下边界区域部分即为式(6-63)中源函数的积分路径。当主光线超出主区域的水平边界时,认为其进入无云的大气部分。主光线与有限元模型网格交点的剖面如图 6-25 所示,对探测器像面上的所有像元进行同样的计算,即可完成相应辐射亮度图像的仿真,具体的计算流程如图 6-26 所示。

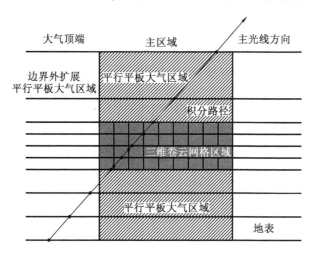

图 6 - 25 积分路径与有限元场景的交点剖面

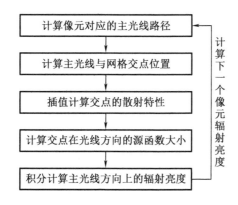

图 6 - 26 辐射亮度图像仿真流程

6.3.5 模型精度验证与性能分析

为了验证三维有云大气辐射传输模型的有效性,以 2.7 μm 作为算例谱线,分别利用本章模型与 SHDOM 对同一卷云场景不同观测视角的光谱辐射亮度图像进行仿真计算。卷云空间含水量分布网格由 6.1 节给出的随机模型进行生成,具体参数见表 6 - 8,云层以外区域采用 1976 美国标准大气廓线,地表温度设为 288 K,并近似为朗伯反射,反射率为 0.3。卷云中冰水粒子的形状谱假设采用表 6 - 4 中 Baum 等人给出的观测结果,同时认为粒子在尺度上符合伽马分布。而粒子的单次散射特性则结合 Yang 提供的非球形冰晶粒子散射特性数据库进行查找计算。成像时,设定太阳入射天顶角为 180°,探测器旋转角 κ 为 0°,像元角分辨率 ϕ_x 和 ϕ_y 都为 120 μrad,其他的条件参数如表 6 - 9 所示。

表6-8 三维卷云网格参数

参数名称	参数大小	
网格个数	水平方向 X	200
	水平方向 Y	200
	垂直方向 Z	20
网格分辨率/km	水平方向 X	0.05
	水平方向 Y	0.05
	垂直方向 Z	0.05
云层覆盖区域	10 km × 10 km	
云底高度/km	10	
云顶高度/km	11	
云层覆盖率/%	50	
含水量范围/(g·m⁻³)	$1.771 \times 10^{-4} \sim 0.136\ 3$	

表6-9 相机观测参数

实验编号	$\theta/(°)$	$\varphi/(°)$	X_0/km	Y_0/km	Z_0/km
E1	0	180	5.0	5.0	370.0
E2	20	180	−129.7	5.0	375.0
E3	40	180	−246.5	5.0	310.0
E4	60	180	−323.0	5.0	200.0

图6-27~图6-30给出了三维卷云在不同视角下的视觉场景,以及本书模型和SHDOM计算出的光谱辐射亮度图像比较。可以发现,利用本书体系仿真出的卷云光谱辐射亮度图像可以融合探测器参数信息与成像场景尺度信息,准确、清晰地反映三维卷云场景在约定视角下的结构形态。随着观测天顶角的下降,图像中的卷云在垂直方向的辐射非均匀性体现得越来越明显,云层的立体感越来越强,纹理结构趋于复杂。与SHDOM相比,由于缺乏多次散射对能量的弥散效应,本书模型生成的图像云层纹理相对比较尖锐。实验E3和E4中,相机视场超出了三维云层区域,SHDOM在开放边界条件下采用重复云层边界属性的方式处理主区域外的辐射计算,这种会造成云层图像边缘产生拉升的条纹[图6-29(b)]和[图6-30(b)],影响仿真效果。本书模型由于在场景水平边界加入了无限平板大气,不会出现类似的边界现象。

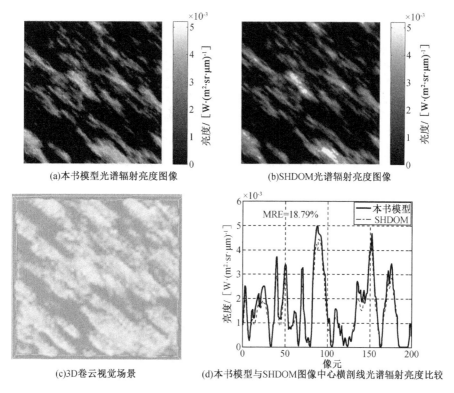

(a)本书模型光谱辐射亮度图像

(b)SHDOM光谱辐射亮度图像

(c)3D卷云视觉场景

(d)本书模型与SHDOM图像中心横剖线光谱辐射亮度比较

图6-27　3D卷云视觉场景以及本书模型和SHDOM计算出的光谱辐射亮度图像比较(E1)

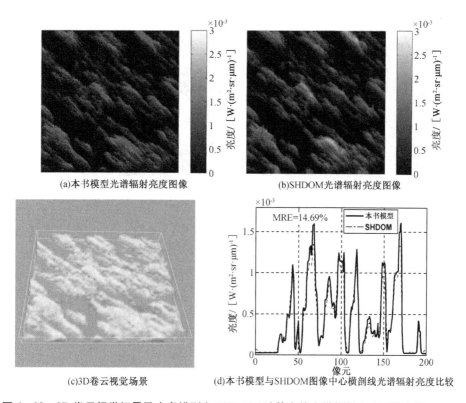

(a)本书模型光谱辐射亮度图像

(b)SHDOM光谱辐射亮度图像

(c)3D卷云视觉场景

(d)本书模型与SHDOM图像中心横剖线光谱辐射亮度比较

图6-28　3D卷云视觉场景及本书模型和SHDOM计算出的光谱辐射亮度图像比较(E2)

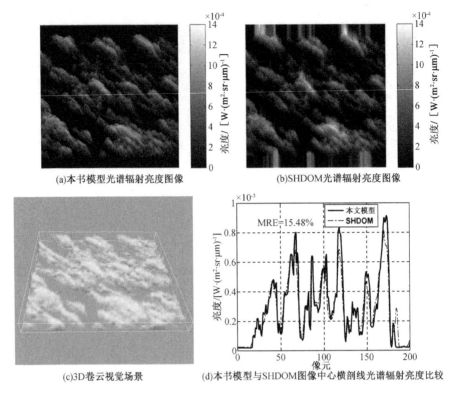

(a)本书模型光谱辐射亮度图像 　　　　　(b)SHDOM光谱辐射亮度图像

(c)3D卷云视觉场景 　　　　(d)本书模型与SHDOM图像中心横剖线光谱辐射亮度比较

图6-29　3D卷云视觉场景及本书模型和SHDOM计算出的光谱辐射亮度图像比较(E3)

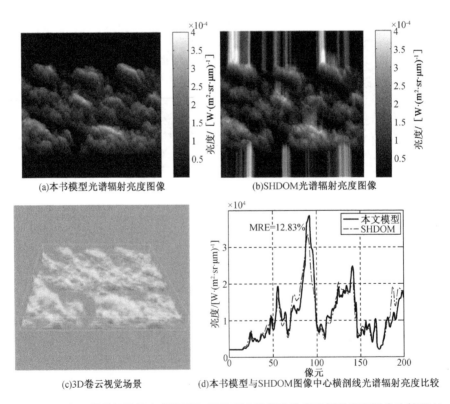

(a)本书模型光谱辐射亮度图像 　　　　　(b)SHDOM光谱辐射亮度图像

(c)3D卷云视觉场景 　　　　(d)本书模型与SHDOM图像中心横剖线光谱辐射亮度比较

图6-30　3D卷云视觉场景及本书模型和SHDOM计算出的光谱辐射亮度图像比较(E4)

从辐射计算精度来看,本书模型与 SHDOM 计算出的像元辐射亮度起伏基本吻合,但由于式(6-73)中的单次散射修正系数过高地估计了多次散射贡献,本书模型的计算结果要略大于 SHDOM,平均相对误差(MRE)在 10% ~ 20% 之间,满足辐射传输领域中的工程应用需求。

表 6-10 比较了算例中本书模型与 SHDOM 的存储空间需求与计算时间成本。SHDOM 在计算有云大气时,需要对包括大气和云层在内的整个区域进行三维网格划分。以本书实验为例,在大气垂直分层数为 40 时,SHDOM 需要 $40 \times 200 \times 200$(大气)$+ 20 \times 200 \times 200$(云)$= 240$ 万个散射属性存储空间,并且大部分空间都用于描述水平方向并无差异的大气部分,而本文模型只需 40(大气)$+ 20 \times 200 \times 200$(云)$\approx 80$ 万个属性存储空间;SHDOM 在计算探测器辐射亮度图像时,由于考虑了多次散射,需要对整个场景所有角度方向的辐射源函数进行耦合计算并储存。本实验中,天顶角与方位角方向的离散个数分别取 8 和 16,在球谐坐标下需要展开成 56 项进行全方向描述,因此额外需要 240 万(网格数)$\times 56 = 13\,440$ 万个源函数存储空间。而本模型采用单次散射近似,直接从探测器像元的视线出发,只需计算单根视线路径与网格交点上沿视线相反方向的源函数,这部分的内存需求可以忽略不计。

表 6-10 算例中本书模型与 SHDOM 存储空间需求与时间成本比较

计算方法	存储空间需求		散射源函数计算时间成本
	散射属性存储单位/万	源函数存储单位/万	单节点单次散射计算时间单位/万
SHDOM	240	13 440	960
本书模型	80	忽略	320

在计算效率方面,辐射传输模型的主要时间成本集中在散射源函数的计算上。假设本书模型与 SHDOM 在计算单个节点单次散射源函数上的时间成本一致。SHDOM 采用逐次散射迭代的方式计算多次散射源函数,散射源函数的总计算时间约为只计算单次源函数时的迭代次数倍。上述实验中,一般需要 4 次迭代即可达到精度要求,生成一幅图像需要 240 万(网格数)$\times 4 = 960$ 万个单次源函数计算时间;而本书模型中,天基观测条件下单根视线与网格区域平均交点个数为 80 左右,计算一幅图像需要 200×200(像元数)$\times 80 = 320$ 万个时间单位,计算效率约为 SHDOM 的 300%。但当像元个数增多时,本书模型的计算效率迅速下降,此时可以仿照 SHDOM 事先计算出场景所有网格点的散射源函数,以牺牲存储空间的方式提升计算效率,此时的效率提升倍数约为多次散射的迭代次数。三维辐射传输计算中,由于网格点数量较多,通常单次迭代即需要大量时间,本书模型节约的时间成本相当可观。更重要的是,由于单次源函数计算独立,本书模型可以采用多核 CPU 或 GPU 等并行技术进一步提高计算效率。

综合而言,本书模型在存储空间需求与计算效率方面具有较大优势,更适用于大规模、高空间分辨率三维含云大气场景辐射成像仿真。

6.4 波段辐射传输计算中的相关 k 分布方法

现有的大气辐射场计算方法,无论是 MC 法还是显式数值法均基于对辐射传输方程(RTE)的求解。但 RTE 只能表征单色辐射,一定波段范围内的辐射计算需要对 RTE 在波数空间上进行积分。常用的积分方法包括逐线积分(LBL)法、带模式法及相关 k 分布(CKD)法。逐线积分法对所有辐射气体产生的海量谱线逐个积分,精度最高但计算量巨大,几乎无法应用在辐射传输工程计算中,更多的是作为参考标准评价其他方法的性能。带模式法需要对波段内的谱线分布统计规律进行合理假设,计算速度最快但计算精度取决于假设的合理程度。CKD 法作为新的辐射传输求积技术,简单并能适用于散射及非散射大气,在红外辐射传输领域中被大量采用。

6.4.1 相关 k 分布原理

在均匀大气中,由于吸收气体的非灰性,吸收系数谱线 k 在波数(ν)空间内的分布起伏不定。如果光谱辐射量 Φ 在波数空间内只与 k 相关,那么该辐射量在一定波段范围 $\Delta\nu$ 内的积分与吸收系数 $k(\nu)$ 的排序无关。因此,如图 6-31 所示,可以将积分域由"崎岖"的波数空间替换成更加平滑的 k 累积概率密度(g)空间。用 $\overline{\Phi}_{\Delta\nu}$ 表示辐射量在波段内的平均水平,则

$$\overline{\Phi}_{\Delta\nu} = \frac{1}{\Delta\nu}\int_{\Delta\nu}\Phi[k(\nu)]\mathrm{d}\nu = \int_0^1\Phi[k(g)]\mathrm{d}g \qquad (6-83)$$

式中,$k(g)$ 为光谱吸收系数累积概率密度分布函数 $g(k)$ 的反函数。

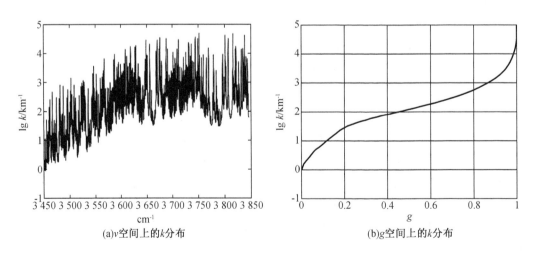

(a)ν空间上的k分布　　　　　　　(b)g空间上的k分布

图 6-31 光谱吸收系数在 g 空间和 ν 空间的分布示意

由于 $g(k)$ 在 k 空间上是单调递增的平滑函数,因此必然存在 g 空间上单调递增的平滑函数 $k(g)$。此时,利用数值积分技术,选取少量的求积点即可达到良好的计算精度

$$\overline{\Phi}_{\Delta v} \approx \sum_{n=1}^{N} \Phi(\overline{k}_n) w_n \tag{6-84}$$

式中 N——k 区间(求积点)的个数;

$w_n、\overline{k}_n$——第 n 个区间的积分权重与等效吸收系数。

上述波段积分技术称为 k 分布法,相关 k 分布法是其在非均匀大气中的应用扩展。假设不同温度(T)与气压(p,单位 mb,$1b = 10^5 Pa$)下,吸收谱线分布完全相关,即吸收系数在层与层之间的排序关系是一致的,如图 $6-32$ 所示。此时,在同一波段内,不同高度层大气的吸收谱线积分可以使用相同的 k 区间分布。

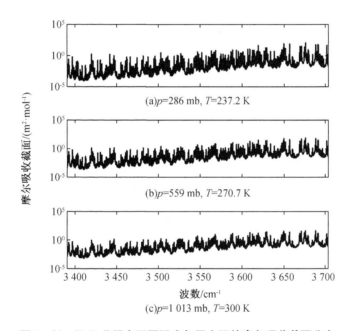

图 6 – 32　H_2O 分子在不同温度与压力下的摩尔吸收截面分布

严格来说,相关 k 分布的假设是一种近似,但业已证明[80],相关 k 分布法对单谱线、周期谱线是精确的,也适用于弱谱线极限和强谱线极限的情况,在散射大气和非散射大气的辐射传输计算中均具有良好的应用效果。

6.4.2　吸收波段相关 k 分布参数优选算法

CKD 法的计算量随积分区间(k 区间)个数线性增长,精度也随之提高,其最大的优势在于可以通过控制 k 区间数目寻求最适宜的计算效率与计算精度组合。如何生成优化的 k 区间参数,比如 k 区间数目、等效体吸收系数及积分权重,在辐射传输计算中仍是一个有待解决的问题。

目前,比较常用的 CKD 参数确定方法可以分为两类。第一类通常采用相对固定的

CKD 节点与权重分布模式。最典型的例子包括对吸收系数对数进行均分的 log k 法[118-120]及高斯求积法或改进后的高斯求积法等基于数值积分技术的 CKD 参数确定方法[114,119,121-123]。这类方法无需复杂的计算过程,确定出的 CKD 参数几乎可以应用于任意波段与辐射量计算,但是无法保证在计算效率和计算精度之间达到较好的平衡,很有可能使用大量的 k 区间数目却达不到较高的精度。另一类方法采用非线性最小二乘优化技术[118,182-183],通过使 LBL 法与 CKD 法计算结果差异最小的方式确定最佳的 k 区间参数方案。但是,优化结果的好坏很大程度上取决于具体的应用场景。绝大多数这类方法在辐射通量、加热率及冷却率等气候模式计算中表现良好,而在遥感应用中的有效性尚未证明。

Cao 等人于 2011 年提出了一种适用于大气顶端上行辐射计算的 CKD 参数优选算法[118],该方法将 LBL 法与 CKD 法对大气整体平均透过率的计算结果误差作为目标函数,以大气质量作为拟合变量,利用阈值分割技术防止病态问题的出现。但是该方法只适用于透过或部分透过大气,在强吸收波带时退化为 $\Delta\log k$ 法,失去了优化能力。这一方面是阈值分割技术本身的原因;更重要的是,对于吸收波段,上行辐射不再强依赖于地表至大气顶端的累积平均透过率。因此,有必要研究新的 k 区间参数优选算法,来加速吸收谱带内大气辐射亮度的计算。

1. 吸收波段的大气上行辐射

天基光电探测系统更加关心大气顶端的上行辐射,传统的 k 分布参数优化技术通过使 CKD 法计算出的带内平均透过率 $\overline{T}^{CKD}$ 与 LBL 计算结果 $\overline{T}^{LBL}$ 误差最小的方式,寻求最佳 k 区间分布。但是这类方法只能保证计算出的平均透过率具有足够高的精度,并不能直接反映对上行辐射亮度计算精度的提升。因此,需要首先建立大气上行辐射亮度与 k 区间分布的直接联系,以便开展针对性的优化工作。

在平面平行大气模型中,如果忽略方位角的影响,一定谱带宽度内大气顶端的上行辐射亮度可以通过求解方位积分形式的辐射传输方程获得[184]

$$L(z_t, \mu) = \int_{\Delta\nu} \left[T_{z_g}^{z_t}(\mu, \nu) I(z_g, \mu, \nu) + \int_{z_g}^{z_t} \frac{1}{\mu} T_{z'}^{z_t}(\mu, \nu) J(z', \mu, \nu) k(z', \nu) dz' \right] d\nu \quad \mu \geq 0$$

$$(6-85)$$

式中　μ——辐射方向天顶角的余弦,当 $\mu \geq 0$ 时表示上行辐射;

　　　$T_{z_g}^{z_t}$——从地表高度 z_g 到大气顶端高度 z_t 之间的透过率;

　　　I、J——单色辐射亮度和源函数。

(6-85)式中右侧积分中的第一项实际上表示地表发出的辐射和反射能量经透过率 $T_{z_g}^{z_t}$ 衰减后到达大气顶端的剩余。第二项则表示辐射传输路径上所有源函数对最终辐射 L 的贡献。在弱吸收波带,第一项在最终出射辐射中占绝对的比例,因此提高大气整体平均透过率的计算精度等同于提高大气上行辐射的计算精度。这也是 Cao 等人的方法在非吸收波段拥有优异表现的原因。但是,随着波带内吸收的增强,第二项所起的作用越来越重要。引入上行贡献函数(UCF)$H(z, \mu)$ 表示不同高度大气层对最终出射辐射的贡献

$$H(z,\mu) = \begin{cases} \int_{\Delta\nu} \dfrac{1}{\mu} T_z^{z_t}(\mu,\nu) J(z,\mu,\nu) k(z,\nu) \mathrm{d}\nu & z_t > z > z_g \\[2ex] \int_{\Delta\nu} T_{z_g}^{z_t}(\mu,\nu) I(z_g,\mu,\nu) \mathrm{d}\nu \end{cases} \tag{6-86}$$

式(6-85)可以用 UCF 的离散叠加形式表示:

$$L(z_t,\mu) \approx \sum_{l=0}^{L} \overline{H}(z_l,\mu) \Delta z_l \quad \mu \geq 0 \tag{6-87}$$

如图 6-33 所示,式中 Δz_l 和 $\overline{H}(z_l,\mu)$ 分别表示第 l 层大气的厚度和等效 UCF。当 $l=0$ 时表示地表,此时 Δz_0 等于无量纲的常数 1。

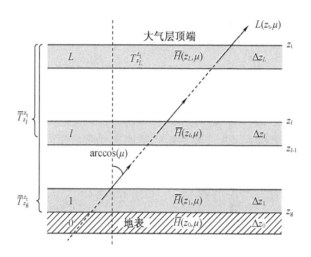

图 6-33 大气上行辐射亮度计算示意图

注意到式(6-86)中,$J(z,\mu,\nu)$ 与 $I(z_g,\mu,\nu)$ 均包含热辐射项。热辐射项一般采用 Planck 函数进行计算,而 Planck 函数在积分域内只与温度与波数相关,与 k 并不相关。因此,无法直接应用 CKD 法对积分空间进行转换。但在较窄的波段 $\Delta\nu$ 内,Planck 函数随 ν 的变化较小,可以将其当成只与温度有关的函数[123,185]。大气辐射传输过程中的源函数应当包括单次散射源函数、多次散射源函数及热辐射源函数。纯净大气在红外波段的散射能力较弱,热辐射成为源函数中的主要成分。因此,$J(z,\mu,\nu)$ 可以近似写为

$$J(z,\mu,\nu) \approx \overline{B}[T(z)] = \frac{1}{\Delta\nu}\int_{\Delta\nu} B[T(z),\nu] \mathrm{d}\nu \tag{6-88}$$

式中 $B[T(z),\nu]$——Planck 函数;

$T(z)$——高度 z 层大气的温度。

式(6-88)实际上将光谱源函数近似为波段的平均热源函数辐射,从而将 $J(z,\mu,\nu)$ 与波数解耦。同样,完整的 $I(z_g,\mu,\nu)$ 应当包括所有源自地面的上行辐射,但是地表的热辐射以及地表对太阳直接入射的反射占据绝对主导地位[186],用波段内太阳入射与地表热辐射的平均值替代它们的光谱值,$I(z_g,\mu,\nu)$ 可以近似为

$$I(z_g,\mu,\nu) \approx \frac{1}{\pi} R \overline{F}_\Theta T_{z_g}^{z_t}(\mu_0,\nu) + (1-R)\overline{B}(T_g) \tag{6-89}$$

式中　R——假设地表为朗伯面时的反射率；

　　　μ_0——太阳天顶角余弦；

　　　$\overline{F}_{\Theta}$——到达大气顶端的波段内太阳平均辐照度；

　　　T_g——地表温度。

将式(6-88)和式(6-89)代入式(6-86)中，得到

$$H(z,\mu) \approx \begin{cases} \dfrac{1}{\mu}\overline{B}\big[T(z)\big]\displaystyle\int_{\Delta\nu} T_z^{z_t}(\mu,\nu)k(z,\nu)\mathrm{d}\nu & z_t > z > z_g \\[2ex] \dfrac{1}{\pi}R\,\overline{F}_{\Theta}\displaystyle\int_{\Delta\nu} T_{z_g}^{z_t}(\mu_0,\nu)T_{z_g}^{z_t}(\mu,\nu)\mathrm{d}\nu + (1-R)\overline{B}(T_g)\int_{\Delta\nu} T_{z_g}^{z_t}(\mu,\nu)\mathrm{d}\nu & z = z_g \end{cases}$$

$$(6-90)$$

此时，UCF 中的被积函数只与 k 相关，符合 CKD 法的使用要求。

2. 优化目标函数

式(6-87)建立了大气上行辐射亮度与 UCF 之间的关系，最终大气顶端的上行辐射等于每一层等效 UCF 与厚度乘积的叠加。如果优选出的 k 区间分布参数能够使每一层的上行贡献函数与 LBL 计算结果接近，那么最终的上行辐射亮度将会拥有较高的精度。因此，选择大气子层的索引 l 而非传统的吸收量或大气质量作为函数自变量，构造优化目标函数

$$\varepsilon = \sum_{l=0}^{L}\big[Y^{\mathrm{LBL}}(l) - Y^{\mathrm{CKD}}(l;w_1,\cdots,w_N)\big]^2 \qquad (6-91)$$

式中　$Y^{\mathrm{LBL}}(l) = \Delta z_l\overline{H}^{\mathrm{LBL}}(l)$，$Y^{\mathrm{CKD}}(l) = \Delta z_l\overline{H}^{\mathrm{CKD}}(l)$；

　　　$\overline{H}^{\mathrm{LBL}}(l)$和$\overline{H}^{\mathrm{CKD}}(l)$——利用 LBL 法和 CKD 法计算出的第 l 层大气的等效 UCF。

可以发现，式(6-91)优化的实质是对大气子层等效 UCF 进行权重为 Δz_l 的加权非线性最小二乘拟合(NLLSF)。w_n 为 k 区间的权重并且满足 $\displaystyle\sum_{n=1}^{N}w_n = 1$，因此实际只需对前$(N-1)$个权重值进行优化。$\overline{H}^{\mathrm{LBL}}(l)$和$\overline{H}^{\mathrm{CKD}}(l)$具体的表达形式为

$$\overline{H}^{\mathrm{LBL}}(l) = \sum_{\nu}H(z_l,\mu;k_\nu^1,k_\nu^2,\cdots,k_\nu^L) \qquad (6-92)$$

$$\overline{H}^{\mathrm{CKD}}(l) = \Delta\nu\sum_{n=1}^{N}H(z_l,\mu;\overline{k}_n^1,\overline{k}_n^2,\cdots,\overline{k}_n^L)w_n \qquad (6-93)$$

式中　k_ν^j——第 j 层大气在波数 ν 处的光谱吸收系数；

　　　$\overline{k}_n^j$——该层大气在第 n 个 k 区间的等效吸收系数。

优化的目的是寻求最佳的$\{w_n,\overline{k}_n^j\}$组合使目标函数式(6-91)最小。现有的基于NLLSF 技术的 CKD 参数优化方法通常采用两种方式处理 w_n 与 $\overline{k}_n^j$ 之间的关系。第一种将 w_n 和 $\overline{k}_n^j$ 当成完全独立的参数进行拟合，典型的例如透过率指数和拟合(ESFT)法[187]及 Nakajima 等[182]提出的方法。这种方式由于需要同时优化权重和等效吸收系数，会出现病态、优化结果不收敛或出现优化结果违背物理意义等问题[114,118,187]。更重要的是，即使在某一应用中获得了最优的 $\overline{k}_n^j$ 值使目标函数最小，但该值可能并不能表征相应 k 区间

的实际吸收情况,这将导致使用该权重和等效吸收系数计算其他相关辐射量时,产生无法控制的误差[188]。第二种方式认为 k 区间内的等效吸收系数依赖于权重,可以根据 w_n 值计算相应的 $\bar{k}_n^j$ 值[118,189]。因此,在优化过程中只涉及对 w_n 的优化,这在一定程度上避免了第一种方式的缺点,同时也能够保证计算出的 $\bar{k}_n^j$ 值的有效性。在本书中的优化采用第二种方式。当 w_n 给定时,如何计算相应的 $\bar{k}_n^j$ 值同样是需要解决的问题。国内外提出了很多等效吸收系数的计算方法[118,121-122,189-191],部分文献甚至对不同方法在应用中的性能表现进行了详细讨论[121-122,189]。尽管某些方法可能在特定的应用问题中具有明显优势,但是并不存在一种适用于所用情况的通用等效吸收系数计算方法。

从原理上来看,至少有三个重要因素影响 $\bar{k}_n^j$ 计算方法的适用性,包括波段内光谱吸收系数在 g 空间上的分布情况、不同大气高度层光谱吸收系数的实际相关程度以及优化时采用的目标函数。更深入的 $\bar{k}_n^j$ 计算方法评估分析并不是本文的研究重点,在实际应用中为简单起见,等效吸收系数一般直接使用相应 k 区间内光谱吸收系数的集中趋势表达。为了减少不同大气高度层之间的光谱相关性误差,在对每一层光谱吸收系数进行 ν 空间到 g 空间转换时采用同一 $\nu \rightarrow g$ 映射关系,保证不同高度层大气在同一个 k 区间内对应的波数相同[122]。$\nu \rightarrow g$ 映射关系通过对大气整体垂直光谱透过率的排序确定。由于实际大气各高度层光谱吸收系数并非完全相关,按同一 $\nu \rightarrow g$ 映射关系转换后,各层 k 分布在 g 空间上并不光滑。如图 6-34 所示,在子区间内 k 的大小可能跨越数个量级,个别光谱吸收系数出现极端值。考虑到集中趋势运算中常用的算术平均和均方值对大值分配的权重过重,可能会导致计算出的等效吸收系数偏大[121]。因此,更倾向于采用对极端值有良好抑制效果的几何平均值代表区间内的等效吸收系数

$$\bar{k}_n^j = \exp \langle \ln k_g^j \rangle_{w_n} \qquad (6-94)$$

式中,$\langle \ln k_g^j \rangle_{w_n}$ 为第 n 个 k 区间内光谱吸收系数的对数平均值。

实际上,无论选择哪种 $\bar{k}_n^j$ 的计算方式都会在辐射传输计算中产生误差,但是这种影响将在 k 区间权重的优化过程中得到有效降低。

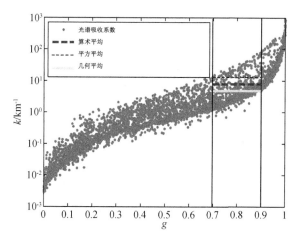

图 6-34 使用不同集中趋势计算出的子区间等效吸收系数比较

3. k 区间参数优化算法

为了寻求式(6-91)的最小值,选择 Levenberg-Marquardt(LM)最小二乘技术作为优化工具,该算法对于非线性问题具有很强的适应性。令 $\mathbf{w}^j = (w_1^j, w_2^j, \cdots, w_N^j)^T$ 为第 j 次迭代时的 k 区间权重初值,迭代后的权重值可以表示为

$$\mathbf{w}^{j+1} = \mathbf{w}^j + \delta\mathbf{w}^j \tag{6-95}$$

式中,$\delta\mathbf{w}^j = (\delta w_1^j, \delta w_2^j, \cdots, \delta w_N^j)^T$ 为第 j 次迭代的权重增量。LM 算法中,权重迭代增量 $\delta\mathbf{w}$ 可以由下式求得:

$$\delta\mathbf{w} = -\frac{1}{2}\boldsymbol{\alpha}^{-1}\frac{\partial\varepsilon}{\partial\mathbf{w}} \tag{6-96}$$

式中 ε ——式(6-91)中的目标函数;

$\boldsymbol{\alpha}$ ——修正后的曲率矩阵,用于控制 LM 算法在逆 Hessian 矩阵法和最速下降法之间进行平滑过渡。

式(6-96)中,$\boldsymbol{\alpha}$ 与 $\frac{\partial\varepsilon}{\partial\mathbf{w}}$ 的计算均需要提供 Y^{CKD} 的 Jacobian 矩阵信息:

$$\frac{\mathrm{d}Y^{\text{CKD}}}{\mathrm{d}\mathbf{w}} = \begin{pmatrix} \dfrac{\partial Y^{\text{CKD}}(1)}{\partial w_1} & \dfrac{\partial Y^{\text{CKD}}(1)}{\partial w_2} & \cdots & \dfrac{\partial Y^{\text{CKD}}(1)}{\partial w_{N-1}} \\ \vdots & \vdots & & \vdots \\ \dfrac{\partial Y^{\text{CKD}}(L)}{\partial w_1} & \dfrac{\partial Y^{\text{CKD}}(L)}{\partial w_2} & \cdots & \dfrac{\partial Y^{\text{CKD}}(L)}{\partial w_{N-1}} \end{pmatrix} \tag{6-97}$$

定义 $\chi_n(l) = \Delta z_1 \Delta\nu H(z_1, \mu; \bar{k}_n^1, \bar{k}_n^2, \cdots, \bar{k}_n^L)$,$Y^{\text{CKD}}$ 可以写成矩阵形式:

$$\begin{pmatrix} \chi_1(0)-\chi_N(0) & \cdots & \chi_{N-1}(0)-\chi_N(0) \\ \vdots & & \vdots \\ \chi_1(L)-\chi_N(L) & \cdots & \chi_{N-1}(L)-\chi_N(L) \end{pmatrix} \begin{pmatrix} w_1 \\ \vdots \\ w_{N-2} \\ w_{N-1} \end{pmatrix} + \begin{pmatrix} \chi_N(0) \\ \vdots \\ \chi_N(L-1) \\ \chi_N(L) \end{pmatrix} = \begin{pmatrix} Y^{\text{CKD}}(0) \\ \vdots \\ Y^{\text{CKD}}(L-1) \\ Y^{\text{CKD}}(L) \end{pmatrix} \tag{6-98}$$

考虑到前 $N-1$ 个 k 区间权重之间相互独立,有

$$\frac{\partial w_i}{\partial w_j} = 0 \quad i = 1, 2, \cdots, N-1; \quad j = 1, 2, \cdots, N-1; \quad i \neq j \tag{6-99}$$

因此,式(6-97)中 Jacobian 矩阵的元素可以表示为

$$\frac{\partial Y^{\text{CKD}}(l)}{\partial w_n} = \chi_n(l) - \chi_N(l) + \sum_{i=1}^{N} w_i \frac{\partial\chi_i(l)}{\partial w_n} \tag{6-100}$$

式中 $\dfrac{\partial\chi_i(l)}{\partial w_n}$ 可以通过数值计算的方式获得。如果 LBL 计算时,$\Delta\nu$ 内谱线总数为 N_{wave},那么 w_n 的最小变化 $\mathrm{d}w = \dfrac{1}{N_{\text{wave}}}$。因此 $\partial\chi_i(l)$ 可以看成是当第 n 个 k 区间权重 w_n 增加 $\mathrm{d}w$ 时 $\chi_i(l)$ 的变化量。w_n 的增加可以通过如下四个数值步骤实现(图6-35):

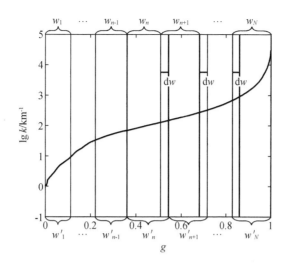

图 6-35 第 n 个 k 区间权重 w_n 变化效果示意

①保持第 n 个 k 区间之前的区间权重值不变,即

$$w'_i = w_i, \quad i = 1, \cdots, n-1 \qquad (6-101)$$

②将第 n 个 k 区间宽度向后扩展一个波数格,权重增加 $\mathrm{d}w$,即

$$w'_n = w_n + \mathrm{d}w \qquad (6-102)$$

③区间 $n+1$ 到 $N-1$ 保持权重值不变,区间位置后移 $\mathrm{d}w$,即

$$w'_i = w_i, \quad i = n+1, \cdots, N-1 \qquad (6-103)$$

④最后一个区间(N 区间)权重减少 $\mathrm{d}w$,即

$$w'_N = w_N - \mathrm{d}w \qquad (6-104)$$

显然,由于 $\chi_i(l)$ 值只与该区间对应的权重值 w_i 有关,w_n 的变化对于前 $n-1$ 个区间的 $\chi_i(l)$ 值不会产生影响,而 n 区间及之后区间的 $\chi_i(l)$ 值将发生改变。将变化后的值记为 $\chi'_i(l)$,$\dfrac{\partial \chi_i(l)}{\partial w_n}$ 可以通过下式计算:

$$\frac{\partial \chi_i(l)}{\partial w_n} = \begin{cases} \left[\chi'_i(l) - \chi_i(l) \right] N_{\mathrm{wave}} & i \geqslant n \\ 0 & i < n \end{cases} \qquad (6-105)$$

大气垂直方向的分层策略直接关系到 k 区间权重的优化是否能够成功。应当保证足够的大气分层数量,并且各层大气的 UCF 应有所差异,避免出现 LM 算法中曲率矩阵奇异问题。UCF 接近 0 的大气层应当在优化前排除,这些层已不具备进一步优化的空间,去除它们可以减小式(6-98)中矩阵的规模,提升优化速度。此外,传统 CKD 区间选代优选算法中,一般将 k 区间分布设置为前疏后密的形式,即随着 g 的增大,权重值逐渐减小。这主要是考虑到 g 空间末端 k 值分布出现尖峰,只有采用较高的采样频率才能保证平均透过率或冷却率计算的精度[122]。但从式(6-90)中可以看出,对地表 UCF 而言,g 空间前端累积透过率越大的部分对上行辐射的贡献越大,而末端透过率接近 0 的部分几乎不会影响到的大气顶端的出射结果。同时,在计算的 Y^{CKD} 的 Jacobian 矩阵时只允许区间 N 权重减少,因此需要赋予 w_N 较大的权重初值,以保留足够的优化空间。综合考虑

这两方面因素,本文方法的权重迭代初值设为

$$w_n = \frac{n}{\frac{N(N+1)}{2}} \qquad (6-106)$$

常规的 LM 算法无法处理具有边界约束条件的优化问题。因此,在实际算法的实现过程中加入了步长约束机制与权重约束机制。限制每次迭代的权重增量 $|\delta w_n| \leqslant 10\mathrm{d}w$,防止迭代后的权重值超出定义域范围;同时,当 $\sum\limits_{n=1}^{m-1} w_n \leqslant 1$ 且 $\sum\limits_{n=1}^{m} w_n > 1$ 时,强制 $w_m = 1 - \sum\limits_{n=1}^{m-1} w_n$,$w_{n>m} = 0$,确保输出的新权重参数满足 $\sum\limits_{n=1}^{N} w_n = 1$。整个优化算法的具体流程如图 6 – 36 所示。

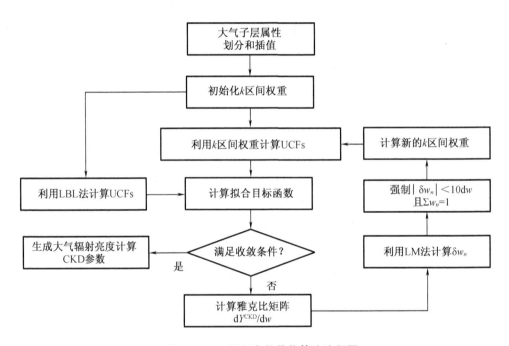

图 6 – 36 k 区间参数优化算法流程图

6.4.3 算法性能分析

为了验证算法的性能,在红外短波与中波区域内选择了三个典型的强吸收波段进行计算分析,包括 1.87 μm 附近的 H_2O(气)吸收带、4.3 μm 附近的 CO_2 吸收带及 2.7 μm 附近的 H_2O 与 CO_2 混叠吸收带。具体的波段配置如表 6 – 11 所示,表中的平均透过率由 MODTRAN 在无云和气溶胶的条件下计算获得。太阳天顶角取 0°;地表设置为朗伯面,反照率为 0.3,温度为 288 K。大气的谱线吸收数据由基于 GENLN2 的逐线辐射传输模型 RFM(http://www.atm.ox.ac.uk/RFM/)生成,光谱分辨率为 0.1 cm^{-1}。考虑的吸收气体包括 H_2O、CO_2、CH_4、N_2O、O_3、CO、N_2 和 O_2,在计算吸收系数时将这些混合气体等效成单

个气体处理。

表 6 – 11 波段配置

波段编号	波段范围/μm	平均透过率(1976 美国标准大气)	平均透过率(热带大气)
1	1.85 ~ 1.95	0.021 1	0.001 6
2	2.60 ~ 2.90	0.006 4	0.000 3
3	4.20 ~ 4.50	0.007 8	0.006 1

使用平行平板大气辐射传输球谐离散坐标法(SHOMPP)计算程序作为辐射传输解算器,计算大气顶端的上行辐射亮度。分别选择 Gauss – Legendre 积分法和 $\Delta\log k$ 法作为本书算法性能的比较对象,这两种方法能够灵活地调整 k 区间数量,并且其有效性均已得到广泛验证。比较相同 k 分布区间个数 N_{weight} 条件下,使用不同方法获取的 CKD 参数在计算上行辐射亮度时与 LBL 结果的误差。考虑到 CKD 参数应当适用于一定的观测天顶角范围,定义平均相对误差

$$\delta = \overline{\left| \frac{L^{\text{CKD}}(\mu) - L^{\text{LBL}}(\mu)}{L^{\text{LBL}}(\mu)} \right|} \qquad (6-107)$$

观测天顶角 $\arccos \mu$ 取 $0° \sim 60°$,间隔为 $1°$,δ 可以反映在一个较宽的观测条件下 CKD 参数的适用程度。在使用 $\Delta\log k$ 法时,k 区间(权重)由 g 空间上大气整体垂直光谱光学厚度在对数范围上的均分确定。为了保证比较的公平性,所有 CKD 法均使用式(6 – 94)计算区间内的等效吸收系数。在使用本书方法时,没有必要针对每一个观测方向 μ 计算一组 k 分布参数。可以选择只计算最关心 μ_r 观测方向的 CKD 参数,并将其应用到其他观测方向。

图 6 – 37 ~ 图 6 – 39 给出了分别使用 Gauss – Legendre 积分法、$\Delta\log k$ 法和本书方法确定出的 CKD 参数在计算无云大气顶端上行辐射时,平均相对误差 δ 随 k 区间个数 N_{weight} 的变化情况。可以看出,随着 N_{weight} 的增加,三种方法计算出的上行辐射亮度结果均逐渐收敛于 LBL 计算结果。Gauss – Legendre 积分法与 $\Delta\log k$ 法的性能非常接近,这主要是因为这两种方法均倾向于在 $g=0$ 或 $g=1$ 附近等 k 曲线变化陡峭的区域分配更多的 k 区间,二者的 CKD 参数计算结果比较接近。本书方法由于包含非线性优化过程,因此误差曲线有所振荡,但收敛速度明显快于其他两种方法。特别是在波段 1 和波段 2 时,同样 k 区间数目 $N_{\text{weight}} > 3$ 条件下,本书方法计算出的平均相对误差要比其他两种方法减少大约 $9\% \sim 100\%$,这意味着相同计算成本下,采用本书方法得出的 k 区间分布参数在进行大气上行辐射亮度计算时精度更高。

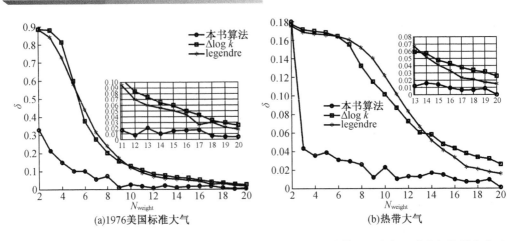

图 6-37 波段 1(1.85~1.95 μm)条件下,使用不同 CKD 法在计算无云大气顶端上行辐射亮度时,δ 随 k 区间数目增加的变化情况

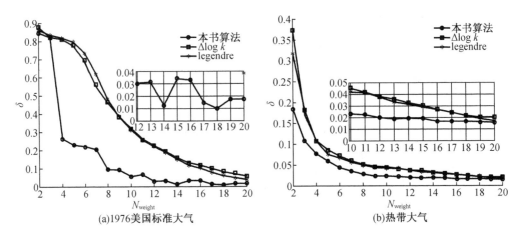

图 6-38 波段 1(2.60~2.90 μm)条件下,使用不同 CKD 法在计算无云大气顶端上行辐射亮度时,δ 随 k 区间数目增加的变化情况

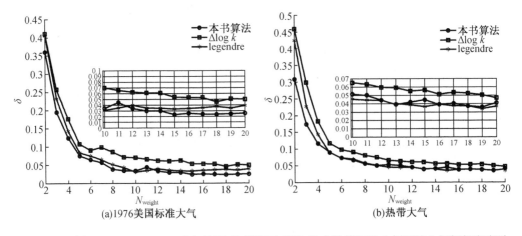

图 6-39 波段 1(4.20~4.50 μm)条件下,使用不同 CKD 法在计算无云大气顶端上行辐射亮度时,δ 随 k 区间数目增加的变化情况

为定量描述本书方法较 Gauss – Legendre 法与 $\Delta \log k$ 法在大气上行辐射计算中的效率提高能力,定义

$$P = \frac{\min\left\{ N_{\text{weight}}^{G-L}, N_{\text{weight}}^{\Delta \log k} \right\} - N_{\text{weight}}^{\text{proposed}}}{\min\left\{ N_{\text{weight}}^{G-L}, N_{\text{weight}}^{\Delta \log k} \right\}} \qquad (6-108)$$

式中,N_{weight}^{G-L}、$N_{\text{weight}}^{\Delta \log k}$ 和 $N_{\text{weight}}^{\text{proposed}}$ 分别为同等精度需求下,Gauss – Legendre 法、$\Delta \log k$ 法与本书方法所需的最小 k 区间个数,N_{weight} 值越小意味着计算效率越高。

表 6 – 12 ~ 表 6 – 14 列出了不同波段与大气条件下,三种方法达到相同计算精度所需的最少 k 区间数及本书方法的效率提高率。可以看出,本书方法在大多数情况下可以将计算效率提高 10% 以上,在波段 1 的热带大气模型下,计算效率甚至可以提高超过 70%。但在波段 3 时,本书方法与 Gauss – Legendre 积分法相比并没有明显优势,二者的 δ 曲线几乎重合。这是因为波段 3 时 Gauss – Legendre 法获得的权重参数已经接近最佳结果,本书的优化方法无法找到更好的 k 区间分布参数。此外,值得注意的是,CKD 法在不同波段下使用的效果有所差别。对于波段 1,只需要选取 16 ~ 18 个 k 区间即可将平均相对误差减少到 1% 以下,而对于波段 2 和波段 3 而言,则至少需要 20 个 k 区间以上才能达到同样的精度水平。

然而,本书方法却并不适用于非吸收波段。因为在遥感应用中,非吸收波段通常用于反演地表的温度或反射率信息,地表的热辐射与反射能量占据了大气顶端上行辐射的主要部分,与地表 UCF 相比,大气其他高度 UCF 可以忽略不计。这将很容易引起式(6 – 97)中的 Jacobian 矩阵 $\frac{\mathrm{d}\boldsymbol{Y}^{\text{CKD}}}{\mathrm{d}w}$ 奇异,导致优化失败。在非吸收波段,地表 UCF 经过整个大气的衰减后到达大气顶端,大气整体平均透过率的计算精度直接关系到大气上行辐射的计算精度,因此,建议使用 Cao 等人的方法进行 CKD 参数的优化。

表 6 – 12　波段 1 不同精度要求下 Gauss – Legendre 积分法、$\Delta \log k$ 法和本书方法所需的最少 k 区间个数

精度需求 /%	波段 1 (1.85 ~ 1.95 μm)							
	1976 美国标准大气				热带大气			
	N_{weight}^{G-L}	$N_{\text{weight}}^{\Delta \log k}$	$N_{\text{weight}}^{\text{proposed}}$	$P/\%$	N_{weight}^{G-L}	$N_{\text{weight}}^{\Delta \log k}$	$N_{\text{weight}}^{\text{proposed}}$	$P/\%$
≤10	11	12	5	54.6	11	11	3	72.7
≤9	12	12	7	41.7	12	11	3	72.7
≤8	12	13	7	41.7	13	12	3	75.0
≤7	13	14	9	30.8	13	13	3	76.9
≤6	13	15	9	30.8	14	13	3	76.9
≤5	16	16	9	43.8	15	15	3	80.0
≤4	17	18	9	47.1	16	17	4	75.0
≤3	18	19	9	50.0	17	20	7	58.8
≤2	20	>20	9	55.0	19	>20	11	42.1
≤1	>20	>20	18	>10.0	>20	>20	16	>20.0

表 6 – 13 波段 2 不同精度要求下 Gauss – Legendre 积分法、$\Delta\log(k)$ 法和本文方法所需的最少 k 区间个数

精度需求 /%	波段 2（2.60 ~ 2.90 μm）							
	1976 美国标准大气				热带大气			
	N^{G-L}_{weight}	$N^{\Delta\log k}_{\text{weight}}$	$N^{\text{proposed}}_{\text{weight}}$	P/%	N^{G-L}_{weight}	$N^{\Delta\log k}_{\text{weight}}$	$N^{\text{proposed}}_{\text{weight}}$	P/%
≤10	17	18	8	52.9	5	5	4	20.0
≤9	17	18	10	41.2	5	5	4	20.0
≤8	17	19	10	41.2	5	6	4	20.0
≤7	18	19	10	44.4	6	7	5	16.7
≤6	18	20	12	33.3	7	7	5	28.6
≤5	19	>20	12	36.8	9	9	6	33.3
≤4	>20	>20	12	>40.0	12	12	7	41.7
≤3	>20	>20	17	>15.0	15	15	8	46.7
≤2	>20	>20	17	>15.0	19	19	13	31.6
≤1	>20	>20	>20	—	>20	>20	>20	—

表 6 – 14 波段 3 不同精度要求下 Gauss – Legendre 积分法、$\Delta\log(k)$ 法和本文方法所需的最少 k 区间个数

精度需求 /%	波段 3（4.20 ~ 4.50 μm）							
	1976 美国标准大气				热带大气			
	N^{G-L}_{weight}	$N^{\Delta\log k}_{\text{weight}}$	$N^{\text{proposed}}_{\text{weight}}$	P/%	N^{G-L}_{weight}	$N^{\Delta\log k}_{\text{weight}}$	$N^{\text{proposed}}_{\text{weight}}$	P/%
≤10	5	6	5	0.0	5	6	5	0.0
≤9	5	8	5	0.0	6	8	6	0.0
≤8	6	9	5	16.7	6	9	6	0.0
≤7	7	10	6	14.3	7	10	7	0.0
≤6	8	15	7	12.5	8	12	8	0.0
≤5	9	18	8	11.1	10	20	11	-10.0
≤4	13	>20	12	8.0	17	>20	17	0.0
≤3	>20	>20	13	>35.0	>20	>20	>20	—
≤2	>20	>20	>20	—	>20	>20	>20	—
≤1	>20	>20	>20	—	>20	>20	>20	—

6.5 云层辐射亮度图像仿真实例

为了说明本书仿真体系的应用效果,本节对不同冰水含量分布、不同光照条件、不同高度、不同散射特性的云层场景进行了辐射亮度图像仿真。云层场景的网格分辨率固定为 0.05 km,厚度为 1 km,生成方法见 6.1 节。仿真波段为 $2.7 \sim 2.95$ μm,大气模型选择 1976 美国标准大气,采用 6.4 节的优选技术生成 10 个节点的 CKD 参数。相机的角分辨率设为 35 μrad,像元数为 200×200,外方位元素固定为 $X_0 = -464.5$ km、$Y_0 = 5$ km、$Z_0 = 1\,300$ km、$\theta = 20°$、$\varphi = 180°$、$\kappa = 0°$(具体定义见 6.3.4 节)。地表温度设为 288 K,反照率为 0.006(ASTER 光谱数据库中海水在 $2.7 \sim 2.95$ μm 内的平均反照率)。

通过改变 6.1 节中的分形算法参数控制云层的冰水含量空间分布,生成不同形态结构的三维云层,进行辐射亮度图像仿真。图 6 – 40 为仿真结果,云层的三维结构生成参数由表 6 – 15 给出,云底高度均为 10 km,云层假设由随机取向冰晶粒子构成,相应的单次散射特性见 6.2.3 节。可以看出,高层冰云的辐射亮度在 10^{-3} W/($m^2 \cdot$ sr) 量级,与实测数据吻合。这说明本书体系可以仿真任意几何形态与复杂程度的云层辐射亮度图像,完全满足天基光电成像系统的设计与评估需求。

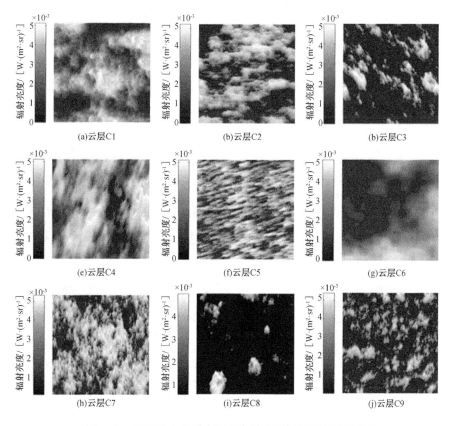

图 6 – 40 不同冰水含量空间分布的云层辐射亮度图像仿真

表 6 – 15　三维云层结构生成参数

| 云层编号 | 云层水平分布参数 | | | 云底扰动参数 | | | 含水量生成参数 | | | | | 覆盖率 | 旋转角度/(°) |
	H	l_x	l_y	H	l_x	l_y	H	l_x	l_y	l_z	sd_{wc}		
C1	0.8	40	40	0.7	20.0	20.0	0.5	10	10	10	0.3	0.95	0
C2	0.8	20	40	0.7	1.5	1.5	0.5	10	10	10	0.5	0.70	0
C3	0.3	10	40	0.7	15.0	15.0	0.7	10	10	10	0.5	0.30	60
C4	0.9	30	80	0.9	80.0	80.0	80	80	80	80	0.5	0.95	−75
C5	0.7	5	20	0.7	15.0	15.0	0.7	20	20	20	0.5	1.00	−15
C6	0.9	150	150	0.9	150.0	150	0.9	150	150	150.0	0.50	1.00	0
C7	0.2	20	40	0.7	15.0	15.0	0.5	10	10	10	0.5	0.95	90
C8	0.8	30	50	0.8	15.0	15.0	0.5	10	10	10	0.5	0.10	−80
C9	0.3	15	20	0.7	15.0	15.0	0.5	10	10	10	0.5	0.30	−45

图 6 – 41 仿真了不同光照条件下的云层辐射亮度图像,云底高度为 10 km,同样采用随机取向冰晶粒子假设,有效直径分布在 90 μm 左右,光照条件参数设置如表 6 – 16 所示。对于高层云而言,云层以上的大气透过率已经相当可观,太阳入射天顶角在 120° ~ 180° 内的变化并不会导致云顶入射能量产生较大差别,此时,同一云层的上行辐射能量差异主要由其散射相函数决定。由图 6 – 12 可知,有效直径 100 μm 附近随机取向冰晶粒子相函数的总体趋势随着散射角的增大而减少,当散射角处于 120° ~ 160° 之间,相函数基本保持不变;但当散射角处于 180° 时,相函数突然上升,出现局部小尖峰。因此,图 6 – 41(b)、(c)、(e) 和 (g) 中的云层辐射亮度水平基本一致,(a) 略高,而 (f) 中的云层辐射亮度要高出 1 倍左右。仿真图像完全符合云层散射的物理机制,可以真实地反映不同光照条件下的云层上行辐射的情况。

(a)光照条件L1　　　(b)光照条件L2　　　(c)光照条件L3

(e)光照条件L4　　　(f)光照条件L5　　　(g)光照条件L6

图 6 – 41　不同光照条件的冰云辐射亮度图像仿真

表 6-16 光照条件参数

光照条件编号	太阳入射天顶角/(°)	太阳入射方位角/(°)	太阳散射角/(°)
L1	120	0	100
L2	140	0	120
L3	160	0	140
L4	180	0	160
L5	160	180	180
L6	120	180	140

图 6-42 对不同高度的冰云进行了辐射亮度图像仿真,云底高度分别设为 2 km、6 km 和 10 km。2.7 μm 附近为水汽吸收带,标准大气中的水汽集中 10 km 以下,含量在对数坐标下随高度呈线性下降趋势,导致云层的辐射亮度对高度非常敏感,云层高度越低,其上行辐射亮度受到的大气吸收越严重。图 6-42(a)中的低层云几乎完全被大气辐射淹没,辐射亮度比(c)中的高层云低 1 个量级左右,这种现象与图 5-2(b)中的实测图像一致,反映了 2.7 μm 波段对低层杂波的良好抑制效果,也从侧面表明本章给出的仿真体系可以应用于云层的高度反演问题。

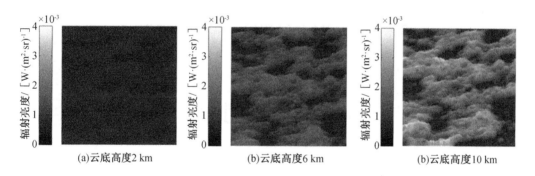

(a)云底高度2 km　　　　(b)云底高度6 km　　　　(b)云底高度10 km

图 6-42 不同高度冰云辐射亮度图像仿真

图 6-43(a)为随机取向粒子组成的冰云在镜反观测方向上的辐射亮度图像仿真。使用 6.2.4 节中基于 T 矩阵法的镜反模型计算出的水平取向平板冰晶粒子镜向散射相函数替代云层顶端粒子的散射特性,仿真水平取向冰云在镜反观测条件下的辐射亮度图像,仿真结果如图 6-43(b)所示。可以看出,由于水平取向粒子的相函数中存在镜反尖峰,可能导致云层的短波散射能力提高 1~2 个量级,达到 10^{-1} W/(m^2 · sr)水平,成为相机焦面上的高亮或饱和元素,影响天基监视应用中目标的探测和识别。改变太阳光照角度,使观测方向分别偏离镜反方向 10°和 20°,相应的仿真图像如图 6-43(c)和(d)所示。观测偏移将导致云层散射能量的急剧下降,下降速度反映了相函数镜反尖峰的有效宽度。镜反偏离角 20°时,水平取向冰云和随机取向冰云的散射能力没有明显差别。由 6.2.4 节可知,相函数镜反尖峰形状与粒子的振颤倾斜程度、尺度分布等因素密切相关,

利用这一特性可以反演水平取向冰云的粒子信息。本书仿真体系可以对这类特殊云层的上行辐射现象进行仿真,为相关应用提供数据支撑。

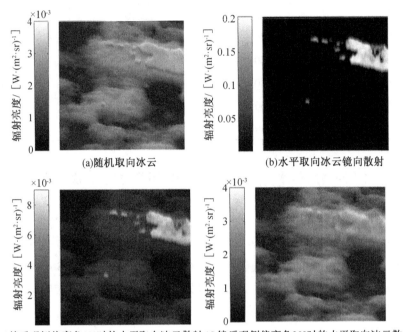

(a)随机取向冰云　　　　　　　　　　(b)水平取向冰云镜向散射

(c)镜反观侧偏离角10°时的水平取向冰云散射 (d)镜反观侧偏离角20°时的水平取向冰云散射

图6-43　随机取向与水平取向冰云辐射亮度图像仿真

6.6　本章小结

本章从云层冰水含量生成、粒子散射特性计算及辐射传输建模三个方面开展了三维含云大气的辐射图像方法研究。首先基于多尺度叠加分形算法,从宏观到微观特性实现了五维(三维位置、含水量、有效半径)云层空间结构的构造;给出了球形与随机取向非球形冰晶粒子的散射特性计算方案,重点对振颤水平取向平板粒子的镜向散射相函数进行了理论建模,采用T-MC法验证了模型法的计算结果;根据大气和云层在红外吸收波段的光学特性,构建了基于单次散射近似的三维含云大气辐射传输模型,计算结果与SHDOM进行了比较验证;针对谱段辐射传输,提出了一种适用于吸收谱段大气上行辐射亮度计算的CKD参数优化算法;最后,综合运用本书仿真体系对不同物性参数的含云大气进行了辐射亮度图像仿真,证明本书提出的仿真体系适用于各类云层辐射现象的仿真及大气的物性参数反演问题。

第7章 结论与展望

本书立足于我国首颗大气背景遥感卫星红外相机测量数据的定量化处理与后期应用,在图像数据的处理技术与仿真方法方面进行了深入系统的研究。

在数据处理技术方面,以应用需求为导向,围绕测量图像的辐射定标与几何信息解算,结合对相机工况和测量数据的细致分析,制定了适用于红外相机1级数据产品自动生成的方法体系。研究成果已经应用于卫星的地面数据处理系统,相关算法的可靠性与准确性在近两年的运行过程中得到了充分验证,提供的数据产品得到了中国航天科技集团公司五院,中国航天科技集团公司八院,哈尔滨工业大学,国防科技大学,中国科学院上海物理研究所等多家后续应用单位的一致认可。

在云层的辐射图像仿真方面,建立了两种不同的方法体系。一种基于红外相机实测大气背景辐射亮度图像数据的统计特性,通过控制二维随机分形算法的参数,模拟实际云图的统计特征与整体纹理形态,适用于天基红外成像系统设计评估中大量图像样本的快速生成;另一种关注了相机对云层成像的物理机制,形成了从三维云层结构建模到粒子散射特性计算,再到辐射传输计算的仿真链路,适用于特殊云层辐射现象的仿真以及大气的物性参数反演问题。

本书取得的主要创新性成果主要包括以下内容。

①提出了我国首颗大气背景测量试验卫星红外相机载荷在轨辐射定标数据综合处理技术,解决了无效定标数据自动剔除、在轨去污时间确定及定标系数估计问题。通过对近百次在轨辐射定标试验数据的分析,总结出三种最主要无效数据类型的表现特征与剔除算法;建立了黑体项与非黑体项分离的双项指数模型来描述由空间环境下相机内部水汽释放污染引起的相机响应衰减现象,在此基础上提出了根据相机响应灰度、辐射分辨率和信噪比三个指标的下降程度,确定系统污染容限的策略;给出了利用衰减模型预估定标系数的方法,定标结果与历史定标系数和时间匹配定标系数进行了比较,验证了方法的可行性。

②建立了振颤水平取向非球形冰晶粒子的二维镜向散射相函数理论模型,解决了天基光电探测系统性能评估应用中高层冰云镜反方向附近散射特性的快速计算问题。对振颤水平取向冰晶粒子的镜向散射相函数进行了理论研究,结合菲涅尔反射与夫琅和费远场衍射理论,推导了微分散射截面积的计算模型,采用T–MC法对模型有效性进行了验证。经对比验证得出,建立的相函数模型在峰值处的大小及二维空间分布规律与T–MC法较为接近,模型法可适用于尺度参数较大的粒子,弥补了T–MC法仅适用于中小尺度粒子的局限。实验证明,水平取向冰晶粒子在镜反方向的散射能力要比随机取向粒子和球形粒子高$1\sim2$个量级,很有可能引起目标探测中的虚警问题。

③建立了基于云层空间结构模型、粒子散射特性模型与三维辐射传输模型的物理链

路云层图像仿真方法体系,适用于对大规模、高空间分辨率三维含云大气场景的辐射成像仿真。利用随机分形算法对三维云层宏观空间结构与微观物理结构进行了构造;给出了球形、随机与水平取向非球形云层粒子的散射模型;建立了适用于吸收波段像元辐射亮度计算的三维辐射传输模型,与 SHDOM 法的对比验证表明,该模型的平均相对误差在 10% ~ 20% 之间,但在内存需求与计算效率方面具有较大优势。

④提出了一种适用于吸收波段大气上行辐射传输计算的相关 k 分布参数优化算法,实现了波段内辐射积分的快速计算。该算法基于最小二乘技术,将大气顶端的辐射亮度近似为大气子层上行贡献函数之和,将 CKD 法与 LBL 法的平均上行贡献函数误差作为评价函数进行优化。通过与 $\Delta \log k$ 法和 Gauss – Legendre 求积法的性能比较发现,利用优化得到的 CKD 参数,能够在相同数量的 k 区间下得到更高的计算精度。在相同精度要求下,计算效率普遍提高 10% 以上,部分条件下甚至可以提高 70% 以上。

尽管本书的研究取得了阶段性进展,但仍然面临着许多有待解决和值得深入研究的问题,下一步的研究工作可以从以下几个方面着手。

①红外相机测量数据的深入分析。以辐射定标与几何信息解算为主的处理手段只是遥感数据应用的初级阶段,需要在此基础上对图像数据的质量评价、特征提取、自动分类等分析方法进行研究,充分挖掘测量数据中的知识信息。

②高云散射特性反演方法研究。通过对同一云层的多视角观测数据,结合其他测量试验,对高云粒子特别是水平取向冰云粒子的物理结构与散射特性进行反演研究。

③基于场景建模与辐射传输的云层图像仿真体系的通用性扩展。该体系目前只适用于吸收波段,但从理论基础看,满足向全波段扩展的条件,主要面临的难点是多次源函数的快速计算问题。另外,目前的成像机制只考虑了相机的理想光学几何关系,后续改进中需要加入相机的信号调制模型,例如噪声、传递函数等。

参 考 文 献

［1］ Earth Observation Portal Satellite Missions Database［DB/OL］. （2020 –08 –01）［2020 – 09 –12］. https://directory. eo-portal. org/web/eoportal/satellite-missions/.

［2］ Union of Concerned Scientists Satellite Database［DB/OL］. （2020 –08 –01）［2020 –09 – 12］. http://www. ucsusa. org/nuclear-weapons/space-weapons/satellite-database. html/.

［3］ SPIRO I J. Overview of infrared measurement programs［C］. Shuttle Pointing of Electro-Optical Experiments, SPIE, 1982, 0265:214 –219.

［4］ KAMPF D, RIPPEL H. Infrared background signature survey experiment （IBSS） test results of the optical subsystem［C］. Space Optical Materials and Space Qualification of Optics, SPIE, 1989, 1118:113 –119.

［5］ BARNHART D A, FEIG J R, GRIGSBY E C. Miniature sensor technology integration （MSTI）: small space platform program ［C］. Small Satellite Technology and Applications Ⅲ, SPIE, 1993, 1940:174 –183.

［6］ GRIGGS M, MYERS W A, BAKER H V. Multispectral sensing of natural resources with the MSTI-3 satellite ［C］. Multispectral and Microwave Sensing of Forestry, Hydrology, and Natural Resources, SPIE, 1995, 2314:192 –199.

［7］ MILL J D, O′NEIL R R, PRICE S, et al. Midcourse space experiment: introduction to the spacecraft, instruments, and scientific objectives［J］. Journal of Spacecraft and Rockets, 1994, 31（5）:900 –907.

［8］ TEDESCO E F, EGAN M P, PRICE S D. The midcourse space experiment infrared minor planet survey［J］. The Astronomical Journal, 2002, 124（1）:583.

［9］ DOOLING D. Space sentries［J］. Spectrum, IEEE, 1997, 34（9）:50 –59.

［10］ ANDREAS N S. Space-based infrared system （SBIRS） system of systems［C］. Aerospace Conference, IEEE, 1997, 4:429 –438.

［11］ WATSON J, ZONDERVAN K. The missile defense agency′s space tracking and surveillance system［C］. Sensors, Systems, and Next-Generation Satellites ⅫⅠ, SPIE, 2008, 7106: 710 –617.

［12］ CROWTHER B G, ZAKHARENKOV V, JENSEN G, et al. Sensor design and capabilities for the Russian American observational satellites （RAMOS）［C］. The International Society for Optical Engineering, SPIE, 2004, 5234:96 –105.

［13］ 戴铁. 利用风云三号气象卫星红外分光计反演大气 CO_2 浓度的理论研究［D］. 南京:南京信息工程大学, 2008.

［14］ WANG J, GU X, MING T, et al. Classification and gradation rule for remote sensing satellite data products［J］. Yaogan Xuebao-Journal of Remote Sensing, 2013, 17（3）:

566 – 577.

[15] XIONG X, CHIANG K, ESPOSITO J, et al. MODIS on-orbit calibration and characterization[J]. Metrologia, 2003, 40(1):S89.

[16] JARECKE P J, YOKOYAMA K E, BARRY P. On-orbit solar radiometric calibration of the hyperion instrument[C]. Imaging Spectrometry VII, SPIE, 2002, 4480:225 – 230.

[17] XIONG X, SUN J Q, CHIANG K, et al. MODIS on-orbit characterization using the moon[C]. Sensors, Systems, and Next-Generation Satellites VI, SPIE, 2003, 4881: 299 – 307.

[18] 郭强, 陈博洋, 张勇, 等. 风云二号卫星在轨辐射定标技术进展[J]. 气象科技进展, 2013, 3(6):6 – 12.

[19] XIONG X, SUN J Q, ESPOSITO J A, et al. MODIS reflective solar bands calibration algorithm and on-orbit performance[C]. Optical Remote Sensing of the Atmosphere and Clouds III, SPIE, 2003, 4891:95 – 104.

[20] XIONG X, CHIANG K, GUENTHER B, et al. MODIS thermal emissive bands calibration algorithm and on-orbit performance[C]. Optical Remote Sensing of the Atmosphere and Clouds III, SPIE, 2003:392 – 401.

[21] MARKHAM B L, BARSI J A, KAITA E, et al. Landsat-8 operational land imager on-orbit radiometric calibration and stability[C]. Earth Observing Systems XIX, SPIE, 2014, 9218: 921815.

[22] MONTANARO M, LEVY R, MARKHAM B. On-orbit radiometric performance of the landsat 8 thermal infrared sensor[J]. Remote Sensing, 2014, 6(12):11753 – 11769.

[23] CAHALAN R F, RIDGWAY W, WISCOMBE W J, et al. The albedo of fractal stratocumulus clouds[J]. Journal of the Atmospheric Sciences, 1994, 51(16):2434 – 2455.

[24] 杨军, 董超华. 新一代风云极轨气象卫星业务产品及应用[M]. 北京:科学出版社, 2011.

[25] 胡雄, 曾桢, 张训械, 等. 大气GPS掩星观测反演方法[J]. 地球物理学报, 2005, 48(4):768 – 774.

[26] PLATT C M R, DILLEY A C. Remote sounding of high clouds. IV: Observed temperature variations in cirrus optical properties[J]. Journal of the Atmospheric Sciences, 1981, 38(5):1069 – 1082.

[27] GAUTHIER A, CHRISTENSEN L L, HURT R, et al. The virtual astronomy multimedia project[C]. Communicating Astronomy with the Public, 2008, 1:214.

[28] KRATKY V. Rigorous photogrammetric processing of SPOT images at CCM Canada[J]. ISPRS Journal of Photogrammetry and Remote Sensing, 1989, 44(2):53 – 71.

[29] TOUTIN T. Review article: geometric processing of remote sensing images: models, algorithms and methods[J]. International Journal of Remote Sensing. 2004, 25(10): 1893 – 1924.

[30] 袁修孝, 余翔. 高分辨率卫星遥感影像姿态角系统误差检校[J]. 测绘学报.

2012, 41(3):385 - 392.

[31] 朱光良. IKONOS 等高分辨率遥感技术的发展与应用分析[J]. 地球信息科学学报. 2004, 6(3):108 - 110.

[32] TOUTIN T. Comparison of stereo-extracted DTM from different high-resolution sensors: SPOT-5, EROS-A, IKONOS-Ⅱ, and Quickbird [J]. Geoscience and Remote Sensing, IEEE Transactions on, 2004, 42(10):2121 - 2129.

[33] 许妙忠, 尹粟, 黄小波. 高分辨率卫星影像几何精度真实性检验方法[J]. 测绘科学技术学报, 2012, 29(4):244 - 248.

[34] 王任享, 胡莘, 王建荣. 天绘一号无地面控制点摄影测量[J]. 测绘学报, 2013, 42(1):1 - 5.

[35] 刘斌, 孙喜亮, 邸凯昌,等. 资源三号卫星传感器校正产品定位精度验证与分析[J]. 国土资源遥感, 2012, 24(4):36 - 40.

[36] SINGKOFER K A, MCCARTHY J E, ROBBINS H M. Advanced surveillance testbed and background modeling[C]. Signal and Data Processing of Small Targets, SPIE, 1992, 1698:187 - 198.

[37] CHASE R, SINGKOFER K. Advanced surveillance testbed (AST) space based infrared upgrades[R]. United States, General Research Corp, 1995:12.

[38] HECKATHORN H, WIELAND F. Physics-based, high-fidelity simulation: strategic scene generation model[C]. Winter Simulation Conference Proceedings, Piscataway, 1993:989 - 995.

[39] COTA S A, KALMAN L S, KELLER R A. Advanced sensor simulation cap-ability[C]. Signal and Image Processing Systems Performance Evaluation, SPIE, 1990, 1310:134 - 149.

[40] CASEY E J, KAFESJIAN S L. Infrared sensor modeling for improved system design[C]. Infrared Imaging Systems: Design, Analysis, Modeling, and Testing Ⅶ, SPIE, 1996, 2743:23 - 34.

[41] COTA S A, LOMHEIM T S, FLORIO C J, et al. Picasso: an end-to-end image simulation tool for space and airborne imaging systems: Ⅱ. Extension to the thermal infrared: equations and methods[C]. Imaging Spectrometry ⅩⅥ, SPIE, 2011, 8158: 81580G.

[42] CATHALA T, DOUCHIN N, LATGER J, et al. The coupling of MATISSE and the SE - WORKBENCH: a new solution for simulating efficiently the atmospheric radiative transfer and the sea surface radiation[C]. Proceeding of the Spie of the International Society for optical engineering, 2009, 7300(10): 73000K - 73000K - 12.

[43] LABARRE L, CAILLAULT K, FAUQUEUX S, et al. An overview of MATISSE-V2.0[C]. Optics in Atmospheric Propagation and Adaptive Systems ⅩⅢ, SPIE, 2010, 7828:782802.

[44] LASHANSKY S N, BEN YOSEF N, WEITZ A. Simulation of ground-based infrared cloudy sky images[J]. Optical Engineering. 1993, 32(6):1290 - 1297.

[45] THORNBURG R J, DEVORE J G, THOMPSON J. Review of the cldsim cloud radiance simulator[R]. United States, 1993:69.

[46] 桑农, 刘畅, 吴家伟. 云背景红外天空图像的统计模型与仿真[J]. 华中科技大学学报: 自然科学版, 2006, 33(11):5-8.

[47] 鹿明明, 谭毅华, 魏浩洋, 等. 天基红外云层背景的仿真研究[J]. 计算机与数字工程, 2014, 42(4):685-690.

[48] 程琛. 三维红外云景实时仿真方法研究[D]. 西安: 西安电子科技大学, 2013.

[49] 杨春平, 吴健, 魏凌, 等. 基于辐射传输理论和分形理论的云场景仿真[J]. 强激光与粒子束, 2007, 19(7):1085-1088.

[50] 张千, 曹治国, 张天序. 动态红外图像的建模与仿真技术[J]. 红外与激光工程, 2003, 32(3):299-303.

[51] BAKER M B, LATHAM J. The evolution of droplet spectra and the rate of production of embryonic raindrops in small cumulus clouds[J]. Journal of the Atmospheric Sciences, 1979, 36(8):1612-1615.

[52] WANG B. Techniques for efficient cloud modeling, simulation and rendering[D]. Los Angeles, University of Southern California, 2007.

[53] WU X, LI X. A review of cloud-resolving model studies of convective processes[J]. Advances in Atmospheric Sciences, 2008, 25(2):202-212.

[54] RIECHELMANN T, NOH Y, RAASCH S. A new method for large-eddy simulations of clouds with lagrangian droplets including the effects of turbulent collision[J]. New Journal of Physics, 2012, 14(6):065008.

[55] CINTINEO R, OTKIN J A, XUE M, et al. Evaluating the performance of planetary boundary layer and cloud microphysical parameterization schemes in convection-permitting ensemble forecasts using synthetic GOES-13 satellite observations[J]. Monthly Weather Review, 2014, 142(1):163-182.

[56] MORRISON H, MILBRANDT J A. Parameterization of cloud microphysics based on the prediction of bulk ice particle properties. Part I: scheme description and idealized tests[J]. Journal of the Atmospheric Sciences, 2015, 72(1):287-311.

[57] SUN J, WANG H. WRF-ARW variational storm-scale data assimilation: current capabilities and future developments[J]. Advances in Meteorology, 2013(1):815910.

[58] XUE M, DROEGEMEIER K K, WONG V. The advanced regional prediction system (ARPS)-a multi-scale nonhydrostatic atmospheric simulation and prediction model. Part I: Model dynamics and verification[J]. Meteorology and Atmospheric Physics, 2000, 75(3-4):161-193.

[59] GAO J, SMITH T M, STENSRUD D J, et al. A real-time weather-adaptive 3dvar analysis system for severe weather detections and warnings[J]. Weather and Forecasting, 2013, 28(3):727-745.

［60］ LOVEJOY S. Area-perimeter relation for rain and cloud areas［J］. Science, 1982, 216(4542):185 – 187.

［61］ SCHERTZER D, LOVEJOY S. Multifractal simulations and analysis of clouds by multiplicative processes［J］. Atmospheric Research, 1988, 21(3):337 – 361.

［62］ CAHALAN R F. Bounded cascade clouds: albedo and effective thickness［J］. Nonlinear Processes in Geophysics, 1999, 1(2/3):156 – 167.

［63］ DI GIUSEPPE F, TOMPKINS A M. Effect of spatial organization on solar radiative transfer in three-dimensional idealized stratocumulus cloud fields［J］. Journal of the Atmospheric Sciences, 2003, 60(15):1774 – 1794.

［64］ BENASSI A, SZCZAP F, DAVIS A, et al. Thermal radiative fluxes through inhomogeneous cloud fields: a sensitivity study using a new stochastic cloud generator［J］. Atmospheric Research, 2004, 72(1):291 – 315.

［65］ FRANKLIN EVANS K, WISCOMBE W J. An algorithm for generating stochastic cloud fields from radar profile statistics［J］. Atmospheric Research. 2004, 72(1):263 – 289.

［66］ HOGAN R J, KEW S F. A 3D stochastic cloud model for investigating the radiative properties of inhomogeneous cirrus clouds［J］. Quarterly Journal of the Royal Meteorological Society, 2005, 131(611):2585 – 2608.

［67］ VENEMA V, MEYER S, GARCíA S G, et al. Surrogate cloud fields generated with the iterative amplitude adapted fourier transform algorithm［J］. Tellus A: Dynamic Meteorology and Oceanography, 2006, 58(1):104 – 120.

［68］ ALEXANDROV M D, MARSHAK A, ACKERMAN A S. Cellular statistical models of broken cloud fields. Part I: theory［J］. Journal of the Atmospheric Sciences, 2010, 67(7):2125 – 2151.

［69］ SZCZAP F, GOUR Y, FAUCHEZ T, et al. A flexible three-dimensional stratocumulus, cumulus and cirrus cloud generator (3D CLOUD) based on drastically simplified atmospheric equations and the fourier transform framework［J］. Geoscientific Model Development Discussions, 2014, 7(1):295 – 337.

［70］ TURKINGTON R B, CIANCIOLO M E, RAFFENSBERGER M E. Development of an atmospheric scene simulation model［R］. Massachusetts United States: Air Force Geophysics Lab, 1998.

［71］ MITCHELL D L, CHAI S K, LIU Y, et al. Modeling cirrus clouds. Part I: treatment of bimodal size spectra and case study analysis［J］. Journal of the Atmospheric Sciences, 1996, 53(20):2952 – 2966.

［72］ KOKHANOVSKY A. Light scattering reviews: single and multiple light scattering［M］. Berlin: Springer Verlag, 2006.

［73］ BOROVOI A G, BURNASHOV A V, CHENG A Y S. Light scattering by horizontally oriented ice crystal plates［J］. Journal of Quantitative Spectroscopy and Radiative Transfer, 2007, 106(1 – 3):11 – 20.

[74] CHEPFER H, BROGNIEZ G, GOLOUB P, et al. Observations of horizontally oriented ice crystals in cirrus clouds with POLDER-1/ADEOS-1 [J]. Journal of Quantitative Spectroscopy and Radiative Transfer, 1999, 63(2 – 6):521 – 543.

[75] BREON F M, DUBRULLE B. Horizontally oriented plates in clouds[J]. Journal of the Atmospheric Sciences, 2004, 61(23):2888 – 2898.

[76] LYNCH D K, GEDZELMAN S D, FRASER A B. Subsuns, bottlinger's rings, and elliptical halos[J]. Applied Optics, 1994, 33(21):4580 – 4589.

[77] 孙贤明. 大气中离散随机介质的波传播和散射特性研究[D]. 西安：西安电子科技大学, 2007.

[78] KOKHANOVSKY A. Light scattering reviews 4: single light scattering and radiative transfer. [M]. Berlin：Springer Verlag, 2009.

[79] 原桂彬. 导弹羽焰及云层背景红外辐射特性研究[D]. 哈尔滨：哈尔滨工业大学, 2007.

[80] LIOU K N. An introduction to atmospheric radiation[M]. Pittsburgh：Academic Press, 2002.

[81] PLATT C M R. Lidar backscatter from horizontal ice crystal plates[J]. Journal of Applied Meteorology, 1978, 17(4):482 – 488.

[82] TAKANO Y, LIOU K N. Transfer of polarized infrared radiation in optically anisotropic media: application to horizontally oriented ice crystals[J]. Journal of the Optical Society of America A: Optics and Image Science, and Vision. 1993, 10(6):1243 – 1256.

[83] MISHCHENKO M I, WIELAARD D J, CARLSON B E. T-matrix computations of zenith-enhanced lidar backscatter from horizontally oriented ice plates[J]. Geophysical research letters, 1997, 24(7):771 – 774.

[84] BURNASHOV A, BOROVOI A, CHENG A Y S. Light scattering by hexagonal ice crystals of cirrus clouds with preferred orientations [C]. Atmospheric Optical Modeling, Measurement, and Simulation II, SPIE, 2006, 6303: 63030W.

[85] BI L, YANG P, KATTAWAR G W, et al. Scattering and absorption of light by ice particles: solution by a new physical-geometric optics hybrid method[J]. Journal of Quantitative Spectroscopy and Radiative Transfer. 2011, 112(9): 1492 – 1508.

[86] YANG P. Light scattering by nonspherical ice crystals: theoretical study by finite-difference time domain technique and geometric optics methods[D]. Logan：University of Utah, 1995.

[87] MISHCHENKO M I. Electromagnetic scattering by nonspherical particles: a tutorial review[J]. Journal of Quantitative Spectroscopy and Radiative Transfer, 2009, 110(11):808 – 832.

[88] MISHCHENKO M I, TRAVIS L D, MACKOWSKI D W. T-matrix computations of light scattering by nonspherical particles: a review [J]. Journal of Quantitative Spectroscopy and Radiative Transfer, 1996, 55(5):535 – 575.

[89] SHANKS J G, LYNCH D K. Specular scattering in cirrus clouds[C]. Satellite Remote

Sensing Ⅱ, SPIE, 1995:227 – 238.

[90] DEVORE J, STAIR A, HUMPHERYS T, et al. US-Russian cooperation in experimental studies to measure polarization of sunlight scattered from clouds and propagation of radiation through clouds[C]. The International Society for Optical Engineering, SPIE, 2005, 5979: 597908.

[91] LAVIGNE C, ROBLIN A, CHERVET P. Solar glint from oriented crystals in cirrus clouds[J]. Applied Optics, 2008, 47(33):6266 – 6276.

[92] ZHOU C, YANG P, DESSLER A E, et al. Study of horizontally oriented ice crystals with CALIPSO observations and comparison with monte carlo radiative transfer simulations[J]. Journal of Applied Meteorology and Climatology, 2012, 51(7):1426 – 1439.

[93] WANG Z, ZHANG Y, CAO Y, et al. Scattering near specular direction for horizontally oriented ice discs [C]. Eighth International Symposium on Precision Engineering Measurement and Instrumentation, SPIE, 2013, 8759: 875921.

[94] MARSHAK A, DAVIS A. 3D radiative transfer in cloudy atmospheres[M]. Berlin: Springer Verlag, 2005.

[95] EVANS K F. The spherical harmonics discrete ordinate method for three-dimensional atmospheric radiative transfer[J]. Journal of the Atmospheric Sciences, 1998, 55(3): 429 – 446.

[96] MARCHUK G, MIKHAILOV G, NAZARALIEV M, et al. The monte carlo methods in atmospheric optics[M]. Berlin: Springer Verlag, 2013.

[97] CAHALAN R F, OREOPOULOS L, MARSHAK A, et al. The I3RC: Bringing together the most advanced radiative transfer tools for cloudy atmospheres[J]. Bulletin of the American Meteorological Society, 2005, 86(9):1275 – 1293.

[98] PINCUS R, EVANS K F. Computational cost and accuracy in calculating three-dimensional radiative transfer: results for new implementations of monte carlo and shdom[J]. Journal of the Atmospheric Sciences, 2009, 66(10):3131 – 3146.

[99] STAMNES K, TSAY S C, WISCOMBE W, et al. Numerically stable algorithm for discrete-ordinate-method radiative transfer in multiple scattering and emitting layered media[J]. Applied Optics, 1988, 27(12):2502 – 2509.

[100] KEY J R, SCHWEIGER A J. Tools for atmospheric radiative transfer: streamer and fluxnet[J]. Computers and Geosciences, 1998, 24(5):443 – 451.

[101] KNEIZYS F X, SHETTLE E P, GALLERY W O, et al. Atmospheric transmittance/radiance: computer code LOWTRAN 6. Supplement: program listings [R]. Massachusetts United States: Air Force Geophysics Lab, 1983.

[102] MAYER B, KYLLING A. Technical note: the libradtran software package for radiative transfer calculations-description and examples of use[J]. Atmospheric Chemistry and Physics, 2005, 5(7):1855 – 1877.

[103] ROZANOV V V, BUCHWITZ M, EICHMANN K U, et al. SCIATRAN-a new radiative transfer model for geophysical applications in the 240-2400 nm spectral region: the pseudo-spherical version[J]. Advances in Space Research, 2002, 29(11):1831 – 1835.

[104] ROZANOV A, ROZANOV V, BUCHWITZ M, et al. SCIATRAN 2.0: A new radiative transfer model for geophysical applications in the 175 – 2400 nm spectral region[J]. Advances in Space Research, 2005, 36(5):1015 – 1019.

[105] EVANS K F. Shdomppda: A radiative transfer model for cloudy sky data assimilation[J]. Journal of the Atmospheric Sciences, 2007, 64(11): 3854 – 3864.

[106] 谈和平, 夏新林. 红外辐射特性与传输的数值计算:计算热辐射学[M]. 哈尔滨: 哈尔滨工业大学出版社, 2006.

[107] 石广玉. 大气辐射学[M]. 北京: 科学出版社, 2007.

[108] ANDRé F, VAILLON R. A nonuniform narrow band correlated-k approximation using the k-moment method[J]. Journal of Quantitative Spectroscopy and Radiative Transfer, 2010, 111(12):1900 – 1911.

[109] CHU H, LIU F, ZHOU H. Calculations of gas radiation heat transfer in a two-dimensional rectangular enclosure using the line-by-line approach and the statistical narrow-band correlated-k model[J]. International Journal of Thermal Sciences, 2012, 59:66 – 74.

[110] CONLEY A, COLLINS W. Extension of the weak-line approximation and application to correlated-k methods[J]. Journal of Quantitative Spectroscopy and Radiative Transfer, 2011, 112(10):1525 – 1532.

[111] LU P, ZHANG H, LI J. Correlated k-distribution treatment of cloud optical properties and related radiative impact[J]. Journal of the Atmospheric Sciences, 2011, 68(11): 2671 – 2688.

[112] CUSACK S, EDWARDS J M, CROWTHER J M. Investigating k distribution methods for parameterizing gaseous absorption in the hadley centre climate model[J]. Journal of Geophysical Research: Atmospheres, 1999, 104(D2):2051 – 2057.

[113] NAKAJIMA T, TSUKAMOTO M, TSUSHIMA Y, et al. Modeling of the radiative process in an atmospheric general circulation model[J]. Applied Optics, 2000, 39(27):4869 – 4878.

[114] ZHANG H, SHI G, NAKAJIMA T, et al. The effects of the choice of the k-interval number on radiative calculations[J]. Journal of Quantitative Spectroscopy and Radiative Transfer, 2006, 98(1):31 – 43.

[115] ZHANG H, NAKAJIMA T, SHI G, et al. An optimal approach to overlapping bands with correlated k distribution method and its application to radiative calculations[J]. Journal of Geophysical Research: Atmospheres, 2003, 108(D20):4641.

[116] HUNT G E, GRANT I P. Discrete space theory of radiative transfer and its application to problems in planetary atmospheres[J]. Journal of the Atmospheric Sciences, 1969, 26(5):963 – 972.

[117] SUN Z, RIKUS L. Improved application of exponential sum fitting transmissions to inhomogeneous atmosphere [J]. Journal of Geophysical Research: Atmospheres, 1999, 104(D6):6291-6303.

[118] CAO Y, ZHANG W, ZHANG Y, et al. A new k-interval selection technique for fast atmospheric radiance calculation in remote sensing applications [J]. Journal of Quantitative Spectroscopy and Radiative Transfer, 2011, 112(9):1479-1485.

[119] ZHONG W, HAIGH J D. An efficient and accurate correlated-k parameterization of infrared radiative transfer for troposphere-stratosphere-mesosphere GCMs [J]. Atmospheric Science Letters, 2000, 1(2): 125-135.

[120] GOODY R, WEST R, CHEN L, et al. The correlated-k method for radiation calculations in nonhomogeneous atmospheres[J]. Journal of Quantitative Spectroscopy and Radiative Transfer, 1989, 42(6):539-550.

[121] ZHANG H, NAKAJIMA T, SHI G, et al. An optimal approach to overlapping bands with correlated-k distribution method and its application to radiative calculations[J]. Journal of Geophysical Research: Atmospheres, 2003, 108 (D20): ACL10. 1-ACL10. 13.

[122] MLAWER E J, TAUBMAN S J, BROWN P D, et al. Radiative transfer for inhomogeneous atmospheres: rrtm, a validated correlated-k model for the longwave [J]. Journal of Geophysical Research: Atmospheres, 1997, 102(D14):16663-16682.

[123] LIU F, SMALLWOOD G J, GÜLDER Ö L. Application of the statistical narrow-band correlated-k method to low-resolution spectral intensity and radiative heat transfer calculations: effects of the quadrature scheme[J]. International Journal of Heat and Mass Transfer, 2000, 43(17):3119-3135.

[124] ZHONG W, HAIGH J D. An efficient and accurate correlated-k parameterization of infrared radiative transfer for troposphere-stratosphere-mesosphere GCMs [J]. Atmospheric Science Letters, 2000, 1(2):125-135.

[125] BAGGETT S M, BORDERS T, DEUSTUA S, et al. WFC3/UVIS detectors: On-orbit performance[C]. Bulletin of the American Astronomical Society, 2010, 42:496.

[126] BRYCE A R, JEREMY T, MANFRED B. Fully autonomous data recovery with the nustar ground system [C]. AIAA SPACE Conference and Exposition, 2013, 5320:1-11.

[127] DE LUCCIA F, MOYER D, JOHNSON E, et al. Discovery and characterization of on-orbit degradation of the visible infrared imaging radiometer suite (VIIRS) rotating telescope assembly (RTA)[C]. Earth Observing Systems XVII, SPIE, 2012, 8510: 85101A.

[128] IONA G, BUTLER J, GUENTHER B, et al. VIIRS on-orbit optical anomaly: investigation, analysis, root cause determination and lessons learned[C]. Earth Observing Systems XXII, SPIE, 2012, 8510:85101C.

［129］ OSTERMAN S, GREEN J, FRONING C, et al. The cosmic origins spectrograph: on-orbit instrument performance［J］. Astrophysics and Space Science, 2011, 335(1):257 – 265.

［130］ DONG D, YANG X, XU H, et al. Flight performance of the radiant cooler for iras on fengyun-3 meteorological satellite ［C］. The International Society for Optical Engineering, SPIE, 2009, 7383:738305.

［131］ HEWISON T J, WU X, YU F, et al. Gsics inter-calibration of infrared channels of geostationary imagers using metop/IASI［J］. Geoscience and Remote Sensing, IEEE Transactions on, 2013, 51(3):1160 – 1170.

［132］ SUN J Q, XIONG X, BARNES W L, et al. Modis reflective solar bands on-orbit lunar calibration［J］. Geoscience and Remote Sensing, IEEE Transactions on, 2007, 45(7):2383 – 2393.

［133］ CHANDER G, MARKHAM B L, BARSI J A. Revised landsat-5 thematic mapper radiometric calibration［J］. Geoscience and Remote Sensing Letters, IEEE, 2007, 4 (3):490 – 494.

［134］ 全国红外科学技术交流会. 红外焦平面阵列特性参数测试技术规范: GB/T 17444—1998［S］. 北京: 中国标准出版社, 1998:1 – 18.

［135］ CASTANET L, BOLEA-ALAMAÑAC A, BOUSQUET M. Interference and fade mitigation techniques for ka and q/v band satellite communication systems ［C］. Proc. 2nd International Workshop of COST Action, 2003:241 – 248.

［136］ LEE D, KIM M, TSUMURA K, et al. Analysis of dark data of the picnic IR arrays in the ciber［J］. Journal of Astronomy and Space Sciences, 2010, 27(4):401 – 406.

［137］ ZHANG W. Meteorological satellite program of china［C］. Optical Remote Sensing of the Atmosphere and Clouds, SPIE, 1998, 3501:72 – 77.

［138］ LOCKWOOD D, LU Z, BARIBEAU J M. Quantum confined luminescence in SI/SIO 2 superlattices［J］. Physical Review Letters, 1996, 76(3):539.

［139］ UY O M, BENSON R, ERLANDSON R, et al. Contamination experiments in the midcourse space experiment［J］. Journal of Spacecraft and Rockets, 1997, 34(2): 218 – 225.

［140］ HEWISON T J, MULLER J. Ice contamination of meteosat/seviri implied by intercalibration against metop/IASI ［J］. Geoscience and Remote Sensing, IEEE Transactions on, 2013, 51(3):1182 – 1186.

［141］ NASA. Outgassing data for selecting spacecraft materials［DB/OL］. (2018 – 10 – 04)［2020 – 09 – 12］. 2008. http://outgassing. nasa. gov/.

［142］ POMPEA S M. The management of stray radiation issues in space optical systems［M］. Berlin: Springer, 1996.

［143］ DITTMAN M G. Contamination scatter functions for stray-light analysis［C］. The International Society for Optical Engineering, SPIE, 2002, 4774:99 – 110.

［144］ JING X, BIN Z, XIUWEN Y, et al. Influence of contaminated mirror on the stray radiation performance of infrared optical systems[J]. Infrared and Laser Engineering, 2011, 3:006.

[145] FACEY T, NONNENMACHER A L. Measurement of total hemispherical emissivity of contaminated mirror surfaces[C]. Stray Light and Contamination in Optical Systems, SPIE, 1989, 0967:308 – 313.

[146] TRINH Q, KALISCH S, PREUSSE P, et al. A comprehensive observational filter for satellite infrared limb sounding of gravity waves[J]. Atmospheric Measurement Techniques Discussions, 2014, 7(10):10771 – 10827.

[147] 李广宇. 天球参考系变换及其应用[M]. 北京：科学出版社, 2010.

[148] CAPITAINE N, WALLACE P T, CHAPRONT J. Expressions for IAU 2000 precession quantities[J]. Astronomy & Astrophysics. 2003, 412(2):567 – 586.

[149] FEY A, GORDON D, JACOBS C. IERS technical notes No. 35 [R/OL]. (2009) [2020 – 09 – 12]. http://www. iers. org/IERS/EN/Publications/TechnicalNotes/ TechnicalNotes.

[150] VALLADO D A, MCCLAIN W D. Fundamentals of astrodynamics and applications[M]. Berlin：Springer Science & Business Media, 2001.

[151] LAMBERT S, BIZOUARD C. Positioning the terrestrial ephemeris origin in the international terrestrial reference frame[J]. Astronomy & Astrophysics, 2002, 394(1):317 – 321.

[152] LASHANSKY S N, BEN YOSEF N, WEITZ A. Spatial analysis of ground-based IR cloudy sky images[C]. Characterization, Propagation, and Simulation of Sources and Backgrounds Ⅱ, SPIE, 1992, 1687:299 – 310.

[153] LASHANSKY S N, BEN YOSEF N, WEITZ A. Segmentation and statistical analysis of ground-based infrared cloudy sky images[J]. Optical Engineering. 1992, 31(5): 1057 – 1063.

[154] MANDELBROT B B. The fractal geometry of nature[M]. London：Macmillan, 1982.

[155] PEACHEY D R. Solid texturing of complex surfaces[J]. ACM SIGGRAPH Computer Graphics, 1985, 19(3):279 – 286.

[156] BERRY M, LEWIS Z. On the weierstrass-mandelbrot fractal function[C]. ACM, 1985, 370:459 – 484.

[157] SAUPE D. Point evaluation of multi-variable random fractals[M]. Berlin：Springer, 1989.

[158] 廖熠. 基于分形的地形图像表面重建研究[D]. 西安：西北工业大学, 2006.

[159] HEYMSFIELD A J, PLATT C M R. A parameterization of the particle size spectrum of ice clouds in terms of the ambient temperature and the ice water content[J]. Journal of the Atmospheric Sciences, 1984, 41(5):846 – 855.

[160] 盛裴轩, 毛节泰, 李建国, 等. 大气物理学[M]. 北京：北京大学出版社, 2003.

[161] YANG P, WEI H, HUANG H L, et al. Scattering and absorption property database for nonspherical ice particles in the near-through far-infrared spectral region[J]. Applied

Optics, 2005, 44(26):5512 - 5523.

[162] FU Q, LIOU K N. Parameterization of the radiative properties of cirrus clouds[J]. Journal of the Atmospheric Sciences. 1993, 50(13):2008 - 2025.

[163] BAUM B A, HEYMSFIELD A J, YANG P, et al. Bulk scattering properties for the remote sensing of ice clouds. Part Ⅰ: microphysical data and models[J]. Journal of Applied Meteorology, 2005, 44(12):1885 - 1895.

[164] KOKHANOVSKY A. Light scattering media optics[M]. Berlin: Springer-Verlag, 2004.

[165] KERR G. A validation study of cloud scene simulation model temporal performance [R]. Massachusetts United States: Air Force Geophysics Lab, 1999.

[166] PRESS W H, TEUKOLSKY S A, VETTERLING W T, et al. Numerical recipes in C[M]. Cambridge: Cambridge University Press, 1996.

[167] FEDDES R G. A synoptic-scale model for simulating condensed atmospheric moisture[R]. Patrick, USAF Environmental Technical Applications Center, 1974:1 - 26.

[168] WYSER K. The effective radius in ice clouds[J]. Journal of Climate, 1998, 11(7):1793 - 1802.

[169] POLYCHRONAKI G, KTONAS P, GATZONIS S, et al. Comparison of fractal dimension estimation algorithms for epileptic seizure onset detection [J]. Journal of Neural Engineering, 2010, 7(4):046007.

[170] 左浩毅. 大气光谱学与 Mie 散射研究[D]. 成都: 四川大学, 2007.

[171] KERR G. Validation study of cloud scene simulation model temporal performance [R]. DTIC Document, 1999.

[172] FU Q, YANG P, SUN W B. An accurate parameterization of the infrared radiative properties of cirrus clouds for climate models[J]. Journal of Climate. 1998, 11(9): 2223 - 2237.

[173] BARAN A J. A process study of the dependence of ice crystal absorption on particle geometry: application to aircraft radiometric measurements of cirrus cloud in the terrestrial window region[J]. Journal of the Atmospheric Sciences, 2003, 60:417 - 427.

[174] BAUM B A, YANG P, NASIRI S, et al. Bulk scattering properties for the remote sensing of ice clouds. Part Ⅲ: high-resolution spectral models from 100 to 3250 cm^{-1}[J]. Journal of Applied Meteorology and Climatology, 2007, 46(4):423 - 434.

[175] NOEL V, SASSEN K. Study of planar ice crystal orientations in ice clouds from scanning polarization lidar observations[J]. Journal of Applied Meteorology, 2005, 44(5):653 - 664.

[176] BORN M. Principles of optics: electromagnetic theory of propagation, interference and diffraction of light[M]. Cambridge: Cambridge University Press, 2005.

[177] BOROVOI A, KUSTOVA N. Specular scattering by preferentially oriented ice crystals[J]. Applied Optics. 2009, 48(19):3878 - 3885.

[178] MISHCHENKO M I, HOVENIER J W, TRAVIS L D. Light scattering by nonspherical particles:theory, measurements, and applications[M]. Pittsburgh:Academic Press, 2000.

[179] MISHCHENKO M I, TRAVIS L D. Capabilities and limitations of a current fortran implementation of the t-matrix method for randomly oriented, rotationally symmetric scatterers[J]. Journal of Quantitative Spectroscopy and Radiative Transfer, 1998, 60(3): 309 – 324.

[180] MISHCHENKO M I. Calculation of the amplitude matrix for a nonspherical particle in a fixed orientation[J]. Applied Optics, 2000, 3 9(6):1026 – 1031.

[181] YOUNG S J. Scattering of solar radiation by clouds[R]. Segundo: Aerospace Corp, 1978.

[182] NAKAJIMA T, TSUKAMOTO M, TSUSHIMA Y, et al. Modeling of the radiative process in an atmospheric general circulation model[J]. Applied Optics. 2000, 39(27): 4869 – 4878.

[183] SEKIGUCHI M, NAKAJIMA T. A k-distribution-based radiation code and its computational optimization for an atmospheric general circulation model [J]. Journal of Quantitative Spectroscopy and Radiative Transfer, 2008, 109(17):2779 – 2793.

[184] ZDUNKOWSKI W, TRAUTMANN T, BOTT A. Radiation in the atmosphere: a course in theoretical meteorology[M]. Cambridge: Cambridge University Press, 2007.

[185] FU Q, LIOU K. On the correlated k-distribution method for radiative transfer in nonhomogeneous atmospheres[J]. Journal of the Atmospheric Sciences, 1992, 49(22):2139 – 2156.

[186] SCHOTT J R. Remote sensing: the image chain approach[M]. Oxford: Oxford University Press, 2007.

[187] WISCOMBE W, EVANS J. Exponential-sum fitting of radiative transmission functions [J]. Journal of Computational Physics, 1977, 24(4):416 – 444.

[188] SUN Z, RIKUS L. Improved application of exponential sum fitting transmissions to inhomogeneous atmosphere [J]. Journal of Geophysical Research: Atmospheres, 1999, 104(D6):6291 – 6303.

[189] CUSACK S, EDWARDS J, CROWTHER J. Investigating k distribution methods for parameterizing gaseous absorption in the hadley centre climate model[J]. Journal of Geophysical Research: Atmospheres, 1999, 104(D2):2051 – 2057.

[190] CHOU M D, RIDGWAY W L, YAN M M. Parameterizations for water vapor IR radiative transfer in both the middle and lower atmospheres [J]. Journal of the atmospheric sciences, 1995, 52(8):1159 – 1167.

[191] LACIS A A, OINAS V. A description of the correlated k distribution method for modeling nongray gaseous absorption, thermal emission, and multiple scattering in vertically inhomogeneous atmospheres [J]. Journal of Geophysical Research: Atmospheresm, 1991, 96(D5):9027 – 9063.

致　　谢

　　本书是我在博士论文基础上结合近几年的研究工作,对天基大气背景红外测量数据处理与仿真技术方面进行的阶段性总结。本书在研究与写作的过程中得到了许多单位和个人的关心与支持,在此致以诚挚的谢意。

　　感谢南京航空航天大学空间光电探测与感知工信部重点实验室主任闫钧华教授及课题组全体成员在本书写作过程中提供的诸多帮助。

　　感谢哈尔滨工业大学空间光学工程研究中心的张伟教授、丛明煜教授、王治乐教授、范志刚教授、智喜洋教授、侯晴宇教授、巩晋南副教授等对本书提供的学术与技术指导。

　　感谢曹移明、鲍文卓、张旺、关皓文、周程灏和于鲲博士,以及何文佳、陈静、陈鸽、杨震、夏福明、周宇星、董健、程洪亮、郝世菁、孙大林、张红宇、谢婧等硕士为本书的顺利完成所做的巨大贡献。

　　感谢航工所樊士伟总师,乔凯副主任,薛永宏参谋,王铁兵参谋,国防科技大学王平教授、王雪莹副研究员,中国空间技术研究院刘冰研究员,中国科学院上海技术物理研究所孙胜利研究员、饶鹏研究员等提出的宝贵意见和建议。

　　感谢国家自然科学基金委与江苏省自然科学基金委对本书提供的资助。

　　感谢哈尔滨工程大学出版社的策划编辑和责任编辑在本书出版过程中给予的大力支持。

　　感谢我的家人对我一如既往的支持与默默无闻的奉献!

　　最后,将此书送给我刚出生的女儿张期实,她是上天赐予我的最好礼物,愿她永远健康快乐!

著者于南京航空航天大学
2020 年 8 月